Ulrich Groos

Speisepilze aus eigener Zucht

Anbau · Pflege · Zubereitung

FALKEN VERLAG

Zum Thema Pilze sind im Falken-Verlag bisher folgende Titel erschienen:
Falken-Handbuch „Pilze" (Nr. 4061)
„Pilze, erkennen und benennen" (Nr. 0380)
„Köstliche Pilzgerichte" (Nr. 5133)

CIP-Titelaufnahme der Deutschen Bibliothek

Groos, Ulrich:
Speisepilze: aus eigener Zucht; Anbau – Pflege – Zubereitung / Ulrich Groos.
[Zeichn.: Marlene Gemke]. – Niedernhausen/Ts.: Falken-Verlag, 1988
(Falken-Bücherei)
ISBN 3-8068-0909-7

ISBN 3 8068 0909 7

Titelbild: Ulrich Groos, Bodenheim: r. o.; W. Neudorff GmbH KG, Emmerthal (Fotos: Freese & Maurer Werbeagentur GmbH, Hannover): l., r. u.
Fotos: Hans Bohländer, Freigericht: Farbtafel 2 l.o.; Klaus Kopp, Nordendorf: Farbtafel 4; Hans E. Laux, Biberach: Farbtafel 3 M. l.; Dr. Jan Lelley, Krefeld: Farbtafel 1 l. o., r. o., Farbtafel 2 M. l.; Heinz Schrempp, Oberrimsingen: Farbtafel 2 l. u., Farbtafel 3 l. o., r. o., M. r., u.; alle anderen Fotos: Ulrich Groos, Bodenheim
Zeichnungen: Marlene Gemke, Neuried

Satz: LibroSatz, Kriftel bei Frankfurt
Druck: Wiesbadener Graphische Betriebe GmbH, Wiesbaden

817 2635 4453 6271

Inhalt

Einführung in die Pilzkunde

Pilze waren schon in der Steinzeit ein beliebtes Nahrungsmittel; seit dem Altertum nehmen einige Arten einen besonderen Platz auf dem Speisezettel wohlhabender Leute ein. Erste Aufzeichnungen vom Pilzanbau sind schon aus der Antike bekannt; aus dem asiatischen Raum liegen von 199 n. Chr. konkrete Angaben über den Shiitake-Anbau vor. In Europa begann der Anbau von Champignons etwa 1630; die heutige, moderne Champignon-Zucht setzte um 1935 ein. Mitte der 60er Jahre fand man in der DDR durch Zufall die Kulturbedingungen für den Rotbraunen Riesenträuschling (auch Kulturträuschling oder Braunkappe genannt) heraus: der Speisepilzzucht-Boom begann. Mykologen (Pilzkundige) beschäftigen sich seit alters her mit der Unterscheidung von Speise- und Giftpilzen; dennoch müssen auch heute noch unkundige und leichtsinnige Pilzsammler ihre Unkenntnis auf diesem Gebiet mit dem Leben bezahlen. Zuchtpilze dagegen sind genau bekannt, die Gefahr einer Vergiftung besteht nicht.

Ein weiterer Gesichtspunkt, der für den Anbau von Pilzen und gegen das Sammeln der Wildpilze spricht, ist die wachsende Bedrohung vieler Pilzarten vor dem Aussterben – nach der „Roten Liste" der gefährdeten Pilze und dem Urteil der Experten 860 allein in unserer Heimat!

In vielen Veröffentlichungen wird vor dem häufigen Verzehr von Pilzen gewarnt, denn Pilze sind dafür bekannt, daß sie giftige Schwermetalle speichern und, bei erhöhter Radioaktivität in der Umwelt, zum Teil stark strahlenverseucht sind.

Kulturpilze sind in der Regel wesentlich geringer belastet; unbedeutend oder gar nicht nachweisbar sind Schadstoffe bei Pilzen, die in Kulturräumen angebaut werden. (Wenn von stark kontaminierten (verstrahlten) Pilzen die Rede ist, sind damit meist Wildpilze gemeint.)

Wegen des kulinarischen Genusses und einer ausgewogenen Ernährung sollten Pilze einen festen Platz auf dem Speiseplan bekommen.

Der Bundesbürger kauft seine Pilze zu 75% als Konserve (Dosen oder Gläser) und nur zu 25% frisch – eine Gewohnheit, die nicht zu verstehen ist, wenn man den großen geschmacklichen Unterschied zwischen Frisch- und Konservenware kennt.

Die Pilzzucht ist ein schönes und interessantes Hobby, und da der Pilzanbau noch relativ neu ist, gibt es viele Möglichkeiten zu experimentieren: Erfolg und Mißerfolg liegen hier dann oft eng beieinander. Wer sich jedoch genau nach der Kulturanleitung richtet, erzielt mit relativ großer Sicherheit gute Ernten.

Abhängig von Art und Kulturverfahren können Pilze in fast jedem Haushalt angebaut werden. Als Kulturstandorte sind, je nach Pilzart, Garten, Gewächshaus, Keller, Stall, Scheune, Garage, Terrasse oder Wohnung geeignet.

Botanische Eigenschaften der Pilze

Es gibt etwa 100 000 Pilzarten, alle verschieden in Aufbau, Größe, Lebensweise und Bedeutung. Der überwiegende Teil ist mikroskopisch klein; zu ihnen gehören einerseits gefährliche Krankheitserreger, andererseits Pilze, die zur Verbesserung der Bodenfruchtbarkeit, dem besseren Wachstum einiger Pflanzenarten und zur Schädlingsbekämpfung beitragen sowie Arten, die bei der Herstellung von Lebensmitteln und Medikamenten Verwendung finden.

Im allgemeinen wird der oberirdisch wachsende Teil als Pilz bezeichnet. Dies ist aber nur der Fruchtkörper, der der geschlechtlichen (generativen) Vermehrung dient. An ihm befinden sich die Sporen, die den Samen der Blütenpflanzen vergleichbar sind. Botanisch gesehen besteht ein Pilz aus einzelnen Fäden (Hyphen), die zu einem Geflecht (Myzel) verwoben sind.

Die höheren Pilze (Wald- und Wiesenpilze), zu denen auch unsere Speisepilze gehören, sind mit etwa 2000 Arten vertreten.

Intensiv zu züchtende Pilze sind Zersetzungspilze, die auf totem Holz oder anderen organischen Materialien leben und sich von diesen ernähren.

Extensiv zu züchtende Pilze haben eine Lebensgemeinschaft (Symbiose) mit höheren Pflanzen: so wächst der Steinpilz beispielsweise symbiotisch mit der Kiefer, die Trüffel an Haselnüssen und Eichen.

Schematische Darstellung eines Mykorrhiza-Pilzes

Viele Pilzarten leben mit Pflanzen in einer Lebensgemeinschaft (Symbiose), aus der beide einen Nutzen ziehen.

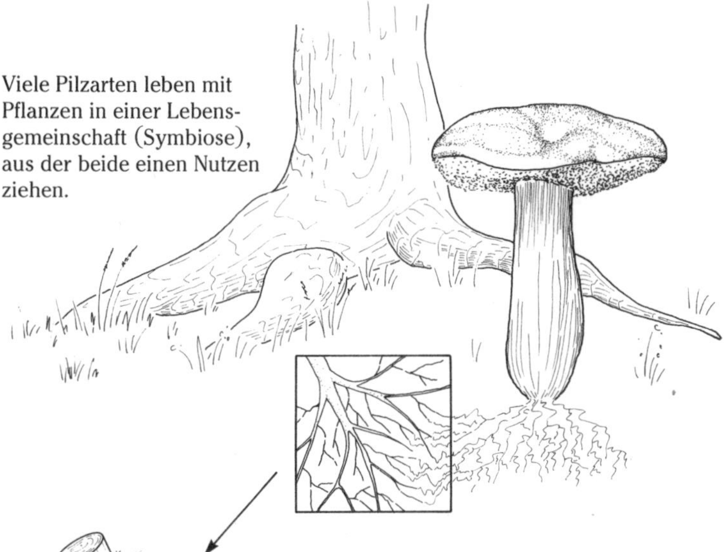

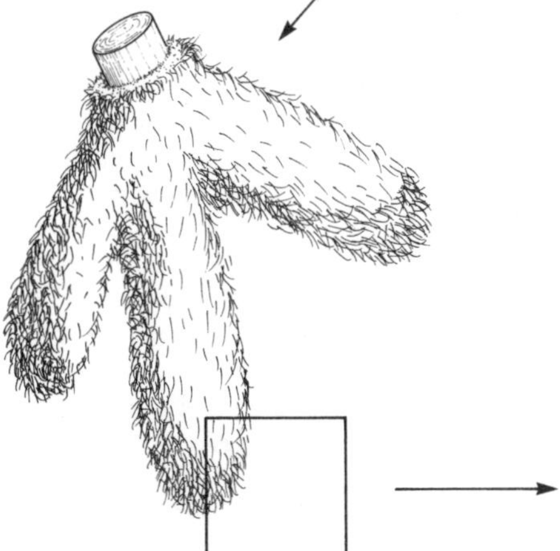

Die Rindenschicht der Baumwurzeln ist mit Pilzfäden durchsetzt.

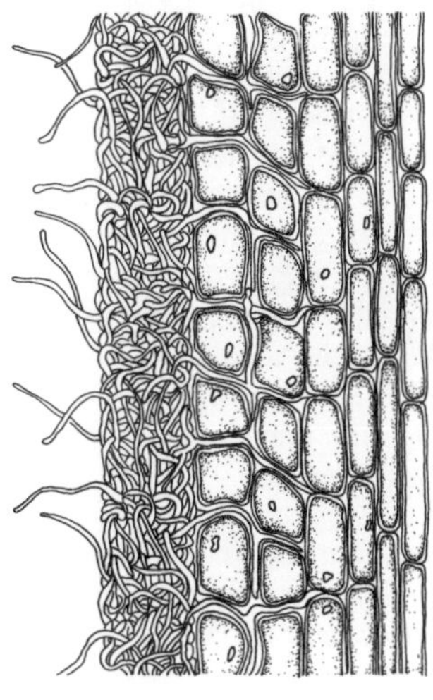

Die Pilzfäden (Hyphen) ersetzen die Wurzelhaare des Baumes. Sie sorgen für eine bessere Wasser- und Nährstoffversorgung; der Baum wächst stärker und ist gesünder.

Planung eines Pilzgartens

Pilze passen in fast jeden Garten. Kleinere Pilzanlagen, vor allem auf Hölzern, lassen sich auch im Ziergarten unter Baumgruppen und Sträuchern plazieren. Durch Beimpfen der Hölzer mit verschiedenen Pilzarten können das ganze Jahr frische Pilze geerntet werden (Ausnahme: Frostperioden). Bei der Neuanlage eines Gartens ist es sogar möglich, mit Mykorrhiza-Pilzarten beimpfte Bäume zu pflanzen; nach einigen Jahren sprießen im Wurzelbereich dann die gewünschten Pilze. Mykorrhiza-Pilze bilden mit höheren Pflanzen eine Lebensgemeinschaft, aus der beide einen Nutzen ziehen (Symbiose). Zum Beispiel können Trüffel an Eichen und Haselnüsse, der Birkenröhrling an Birken geimpft werden. Die Jungpflanzen sind von Spezialbaumschulen zu beziehen.

Zur Abgrenzung der Pilzanlage und zum Schutz gegen Austrocknung durch starke Luftbewegung werden niedrige immergrüne und laubabwerfende Gehölze rings um die Pilzanlage gepflanzt. So entsteht für die Pilze ein gutes Kleinklima mit gleichmäßig hoher Luftfeuchtigkeit.

Einzige Vorbedingung für den Pilzanbau in der Nachbarschaft von Nutz- und Ziergehölzen:

kein Einsatz von Pflanzenbehandlungsmitteln.

Der intensivere Pilzanbau wird im Nutzgarten betrieben. In vielen Bereichen läßt sich der Pilzanbau mit Obst- und Gemüseanbau kombinieren. Im Nutzgarten kann man optimale Bedingungen für die Pilze schaffen. Bei der Kombination Pilz – Gemüse – Obst muß aber der obengenannte kulturbedingte Kompromiß eingegangen werden, der im reinen Pilzgarten entfällt.

Die Strohballen für strohbewohnende Pilze werden auf einer begrünten Fläche mit oder ohne Obsthochstämmen oder auf einem Gemüsebeet in Reihen angelegt, wobei sich die Stirnseiten berühren. Bei Anlage der Pilzkultur auf einer Rasenfläche sollte der Reihenabstand so bemessen sein, daß der Zwischenraum bequem mit dem Rasenmäher befahren werden kann.

Die Strohballen sollten nur einlagig angelegt werden, bei Kulturen mit Austernseitlingen kann dies auch zweilagig geschehen. Bei mehr als zwei Lagen sind eventuell aufwendige Haltekonstruktionen notwendig. Nachdem der Pilz das Stroh zersetzt hat, verlieren die Ballen ihre Stabilität und fallen dann in sich zusammen.

Nach dem Abernten der Strohballen sollte ein anderer Standort für die neue Kultur gesucht werden, damit sich Schädlinge nicht aus der Altkultur beziehungsweise dem darunterliegenden Boden direkt in der Neuanlage ansiedeln.

Die Anlage für kompostbewohnende Pilze (Champignon, Brauner Egerling, Schopftintling, Violetter Rötelritterling) wird auf einer unbewachsenen Fläche errichtet.

Nach dem Abernten der stroh- und kompostbewohnenden Pilze bleibt hochwertiges organisches Material übrig. Dieser Kompost wird im Gemüsegarten zur Flächenkompostierung oder zur flachen

Einarbeitung als Nähr- und Dauerhumus verwendet.
Die Anlage für die holzbewohnenden Pilze bleibt zirka 6 Jahre stehen. Die Hölzer werden senkrecht 10 cm oder waagerecht 3 bis 10 cm tief in einer Grasfläche eingegraben. Das Gras kann mit Rasenkantenschneidern oder einer Motorsense regelmäßig gemäht werden. Eine andere Möglichkeit ist, den Boden der Zwischenräume zirka 5 cm hoch mit Rindenmulch zu bedecken. Durch diese Schicht wird eine ausgeglichenere Wasserversorgung der Hölzer aus dem Boden gewährleistet. Außerdem wachsen die Kulturpilze auch in den Rindenmulch; die Erträge steigen an.
Das Nährmedium der Pilze (Stroh, Kompost oder Holz) und die Fruchtkörper verlieren durch Sonneneinstrahlung und Luftbewegung (Wind) sehr viel Feuchtigkeit und trocknen aus. Zum Schutz dagegen dienen Konstruktionen aus Rohrmatten, Folien, Polyestervliesen und Schattengeweben.
Für die Verlängerung der Erntezeit im Herbst und zeitigen Frühjahr sind Folien- und Glasgewächshäuser angebracht. Will man auch im Winter ernten, braucht man eine Heizmöglichkeit.
Der Anbau im Winter kann aber auch in anderen Gebäuden durchgeführt werden. Champignon, Brauner Egerling und Schopftintling benötigen kein Licht zum Wachsen und eignen sich daher zum Anbau in dunklen Kellerräumen, Ställen, Scheunen und Garagen. Lichtbedürftige Pilzarten wie zum Beispiel der Austernseitling und der Shiitake kann man in Kellerräumen und Garagen mit künstlichem Licht anbauen. Der Kulturraum sollte möglichst helle Wände haben. Zur Belichtung wird für 6 m^2 Anbaufläche eine Leuchtstoffröhre benötigt, die während der Fruchtkörperbildung 10 Stunden pro Tag eingeschaltet sein sollte.
Sogar in der Wohnung ist der Anbau von Pilzen möglich. Ein Standort in kühlen Räumen - wenn möglich in Fensternähe - ist besonders gut geeignet. Für den Anbau in der Wohnung sollten kleine Hölzer und kleine Foliensäcke oder Gefäße verwendet werden; der Fachhandel bietet mannigfache Auswahl. Ähnliches gilt auch für den Anbau auf Terrasse oder Balkon.

Die Vermehrung von Pilzen

Das Pilzmyzel wird im Labor unter sterilen Bedingungen auf einem Nährmedium kultiviert, das aus Getreidekörnern, gehäckseltem Stroh oder Sägemehl besteht. Das mit Pilzmyzel durchwachsene Nährmedium wird als Brut bezeichnet und durch Teilung vermehrt. In dieser Form kann die Brut über den Fach- oder Vertriebshandel beziehungsweise direkt vom Hersteller bezogen werden.

Beim Anbauer wird ein geeignetes Substrat (Stroh, Kompost oder Holz) mit der Brut beimpft. Unter guten Wachstumsbedingungen wächst das Myzel weiter und bildet nach der Durchwachsphase an besonders stark besiedelten Stellen die ersten Fruchtkörper.

Die oben beschriebene Vermehrung kann man in begrenztem Maße auch selbst vornehmen, indem die zugekaufte Brut so keimfrei wie möglich vermehrt wird. Dazu werden gehäckseltes Stroh und Getreidekörner oder Sägemehl mit viel Flüssigkeit mindestens 20 Minuten auf über 90° C erhitzt, anschließend auf unter 30° C abgekühlt und während des Abfüllens in weithalsige Flaschen mit Brut beimpft. Der Flaschenhals wird mit Wattestopfen verschlossen. Bei 25° C (zum Beispiel im Heizungskeller) wächst das Myzel in 2 bis 3 Wochen heran. Dann kann erneut geteilt werden.

Die eigene Vermehrung ist durch die nachlassende Brutqualität nur eine bestimmte Zeit lang möglich. Dann treten Fremdinfektionen auf und der Pilz degeneriert.

In Vermehrungsbetrieben wird der Pilz auch von Pilzsporen oder durch Entnahme von Gewebeteilen aus den Fruchtkörpern, die ebenfalls steril herangezogen werden, vermehrt. Gleichzeitig findet eine Auslese statt.

In der Natur vermehren sich die Pilze sowohl vegetativ (ungeschlechtlich) durch das unterirdisch wachsende Myzel als auch generativ (geschlechtlich) durch Sporen, die in reifen Fruchtkörpern millionenfach entstehen und durch den Wind an viele Kilometer entfernte Standorte transportiert werden. Bei geeigneten Standort- und Klimabedingungen entsteht aus der Spore das Myzel und daraus die Fruchtkörper.

Der Aufbau eines Pilzes

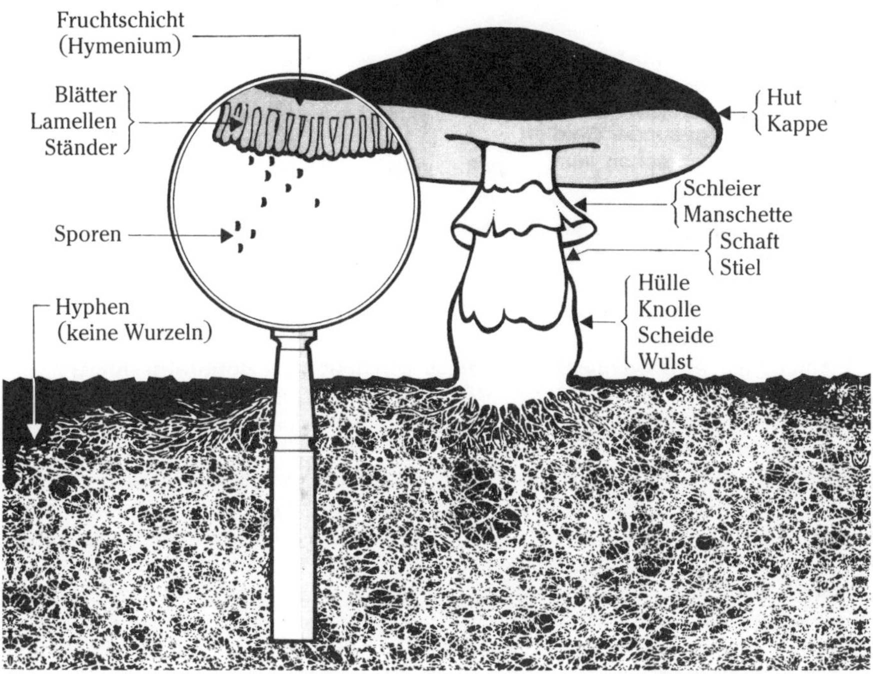

Anbauverfahren für strohbewohnende Pilze

Vorbereitung der Kultur

Die bekanntesten Kulturpilze neben dem Champignon sind Braunkappen und Austernseitlinge.
Stroh ist eine preisgünstige, in großen Mengen zur Verfügung stehende Nährgrundlage für den intensiven Anbau von Pilzen. Aus diesen Gründen werden nach dem Erforschen der Kulturbedingungen für andere Pilzarten den Braunkappen und Austernseitlingen sicherlich noch weitere Arten folgen.
Der Anbau der strohbewohnenden Pilze ist sehr einfach. Bei unsachgemäßer Durchführung der Pilzkulturen kann es aber auch hier sehr schnell zu einem Mißerfolg kommen.

Anlagezeit
Die Anlage der Kulturen erfolgt für den Freilandanbau von Anfang April bis Ende September, für den Anbau in Kulturräumen ganzjährig. Mehrere, nacheinander angelegte Kulturen, führen zu einer kontinuierlichen Ernte.

Stroh als Nährgrundlage
Stroh besteht wie Holz aus Cellulose und Lignin und ist daher als Nährgrundlage für bestimmte Pilzarten geeignet. Die Kulturzeiten auf Stroh sind wesentlich kürzer als auf Holz; dadurch läßt sich der Anbau intensivieren.
Der Anbau erfolgt auf frischen oder trocken gelagerten Strohballen. Das Stroh ist dann goldgelb und riecht nicht muffig. Schimmeliges oder faules Stroh führt zu Mißerfolgen. Die hochdruckgepreßten Ballen (10 bis 15 kg Trockengewicht) aus Weizen-, Roggen- oder Gerstenstroh sind bei getreideanbauenden Landwirten für zirka 2 bis 3 DM erhältlich.
Die während des Anbaus von Getreide eingesetzten Pilzbekämpfungsmittel (Fungizide) sind bei ordnungsgemäßem Einsatz bis zur Ernte vollständig abgebaut und haben auf das Wachstum der Kulturpilze keinen Einfluß.

Pilzbrut zum Beimpfen der Strohballen
Die Pilzbrut wird 2 bis 4 Wochen vor dem Impftermin (Anlage der Kultur) beim Brutlieferanten bestellt oder kurz vor dem Beimpfen im Gartenfachhandel gekauft. Es sollte nur Qualitätsbrut bezogen werden. Für 2 Strohballen wird 1 Brutpackung (15 bis 25 DM) benötigt. Sie kann, wenn unbedingt nötig, bei 2 bis 10° C (Kühlschrank oder Keller) in ungeöffnetem Zustand mehrere Wochen gelagert werden. Höheren Temperaturen sollte sie nur kurzzeitig, Temperaturen unter Null und über 30° C gar nicht ausgesetzt sein.
Aus frischer Pilzbrut wird durch schonende Trocknungsvorgänge auch Trockenbrut hergestellt. Sie hat wegen der erhöhten Lagerfähigkeit große Vorteile für den Handel. Für den Pilzanbauer kann die Trockenbrut wegen der schlechten Anwachsergebnisse nicht empfohlen werden.

Wässern der Strohballen
Das gründliche Wässern ist ausschlaggebend für einen erfolgreichen Pilzanbau. Die Strohballen werden 48 Stunden unter Wasser getaucht oder eine Woche lang zirka 8 bis 10 mal pro Tag mit Gießkanne, Schlauch oder Regner befeuchtet. (Mit warmem Wasser wird das Stroh in einer kürzeren Zeit durchnäßt; das Tauchverfahren verspricht den besseren Erfolg.) Als Behälter können Regenfaß, alte Badewanne oder ein großer, stabiler Foliensack verwendet werden. Bei Gefäßen oder Schubkarren, die eine geringere Tiefe als 40 cm aufweisen, muß der Strohballen nach 2 Tagen gewendet werden und dann mit der anderen Hälfte ebenfalls 2 Tage im Wasser liegen. Da Strohballen im Wasser aufschwimmen, werden sie niedergedrückt und gut beschwert. Nach dem Wässern wird geprüft, ob das Stroh im Inneren der Ballen gut durchfeuchtet ist. Anschließend läßt man das überschüssige Wasser aus dem Ballen ablaufen, das dauert zirka 24 Stunden. Die Strohballen wiegen dann über 40 kg und sind auch deshalb schwierig zu transportieren.

Aufsetzen am Kulturstandort
Die gewässerten Strohballen werden, Stirnseiten aneinander, am Kulturstandort in Reihen ausgelegt. Der Abstand zwischen den Reihen sollte zirka 40 cm betragen, bei Graswuchs aber auch auf die Breite des Rasenmähers abgestimmt sein.
Am Standort sollten die Strohballen mit der Erde direkt Kontakt haben. Das Myzel der Kulturpilze wächst in den Untergrund und versorgt sich zusätzlich mit Wasser und Nährstoffen. Besonders beim Kulturträuschling ist dieser Bodenkontakt ertragsfördernd.

Beimpfen (Spicken)
Nachdem das überschüssige Wasser aus den Strohballen abgelaufen ist, sollten die Strohballen möglichst noch am selben Tag zum Kulturstandort transportiert und mit der Pilzbrut beimpft (gespickt) werden, da feuchte Strohballen sehr schnell von Schadpilzen besiedelt werden.
Impfen und spicken nennt man den Vorgang, bei dem die Pilzbrut in kastaniengroßen Stücken gleichmäßig im Inneren der feuchten Strohballen verteilt wird. Dies geschieht mit einem Setz- oder Pflanzholz beziehungsweise einem zugespitzten Stab oder Besenstiel. Damit werden in die breite Seite des Ballens 12 bis 15 Löcher (gleichmäßig verteilt) gestochen und dann die Stücke der Pilzbrut zirka 20 cm tief hineingedrückt. Anschließend werden die Löcher mit losem, feuchten Stroh fest verstopft – oder man tritt die Löcher mit dem Absatz der Schuhe zu.
Aus der Brut wächst das Myzel bei guten Bedingungen in das Stroh und breitet sich dort aus. Eine gleichmäßige Verteilung der Brut im Inneren der Strohballen ist für die erfolgreiche Kultur besonders wichtig.

Strohkultur

Durchwachsphase
Das Myzelwachstum beginnt bei zirka 5°C und ist bei Temperaturen zwischen 22 und 28°C optimal; bei über 33°C im Strohballen stirbt das Myzel ab.
Starke Sonneneinstrahlung und Luftbewegung trocknen das Stroh schnell aus. Befeuchtet werden die Ballen mit Hilfe einer feinen Brause – immer nur kleine Wassergaben. Zuviel Wasser (auch anhaltende oder starke natürliche

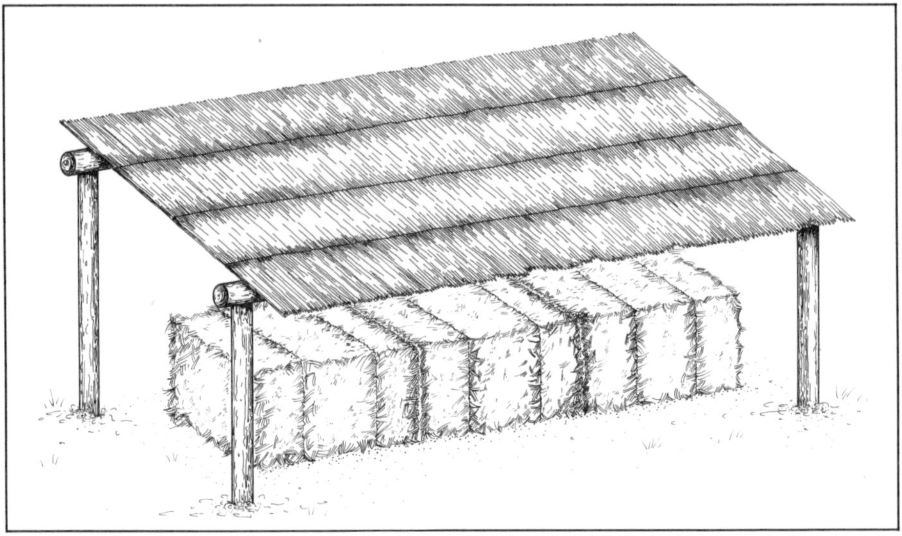

Besonders während der Durchwachsphase ist eine Überbauung – wie hier mit Schilfmatten – zum Schutz vor starken Niederschlägen und direkter Sonneneintrahlung anzuraten.

Niederschläge) läßt das Myzel ebenfalls absterben.
Aus diesen Gründen leistet eine Überbauung gerade während der Durchwachsphase sehr gute Dienste. Besonders geeignet sind niedrige, belüftbare Tunnel aus Polyester- oder Polypropylenvlies. Diese Vliese erhöhen die Temperatur, halten Niederschläge ab und schützen vor Wind und Sonneneinstrahlung. Zum Schutz der Strohballenkultur eignen sich auch Schilfmatten, Lochfolien oder andere Schattiermaterialien. Ein noch besseres Durchwachsen erreicht man in Kulturräumen, in denen die optimale Temperatur von 22 bis 28° C erreicht werden kann (Heizungskeller). Die beimpften Strohballen können gestapelt werden, brauchen wenig Sauerstoff, kein Licht und, wenn sie mit einer gelochten Folie abgedeckt sind, auch kein Wasser. Das Ende der Durchwachsphase ist erreicht, wenn das weiße Pilzgeflecht an der Oberfläche der Strohballen erscheint (je nach Temperatur in 4 bis 8 Wochen). Dann bringt man die Ballen, falls noch nicht geschehen, an den endgültigen Kulturstandort.

Farbtafel 1

oben links: Gute Braunkappenbrut
oben rechts: Überlagerte, nicht mehr verwendbare Austernpilzbrut
Mitte links: Pilzanbau auf Strohballen
Mitte rechts: Überbauung mit lüftbarem Folientunnel
unten links: Champignonanbau in 80-Liter-Foliensäcken
unten rechts: Austernseitlingskultur in Räumen

Fruchtkörperbildung
Zur Fruchtkörperbildung benötigen Pilze viel Sauerstoff, der Pilzart entsprechende Temperaturen und gleichmäßige Feuchtigkeit im Strohballen.
Sind die Bedingungen nach dem Durchwachsen gut, können schon 2 Wochen später die ersten Pilze geerntet werden. Die Fruchtkörper werden in Schüben (Erntewellen) gebildet. Deswegen ist eine Kontrolle in regelmäßigen Abständen, während der Erntewelle auch täglich, durchzuführen.

Kulturmaßnahmen
Pilze brauchen wenig Pflege. Die wichtigste Maßnahme ist der Erhalt der optimalen Feuchtigkeit des Strohs: bei zuviel Feuchtigkeit stirbt das Myzel ab und fängt an zu faulen, bei zuwenig wird die Fruchtkörperbildung verhindert.
Die Strohballen sollen höchstens 5 cm tief austrocknen. Bewässert wird weiterhin nur mit kleinen Wassergaben mit Hilfe einer feinen Brause; während der Erntezeit allerdings ist der Wasserbedarf der Pilzkulturen etwas höher. Beim Gießen sollte kein Wasser direkt in das Innere der Ballen fließen. Bei längeren Regenperioden sollten die Strohkulturen mit einer Folie geschützt werden.
Die sonstigen Pflegemaßnahmen beziehen sich auf die Sauberkeit der Kulturanlage: Schadpilze, Schnecken und Pilzreste von den Strohballen entfernen; bei Bedarf das Gras zwischen den Reihen mähen; falls Getreidekörner austreiben, den Ballen um 180 Grad wenden.

Nach der Ernte
Durch das Wachstum der Pilze werden dem Stroh viele Bestandteile entzogen; der Ballen sackt stark zusammen. Wenn nur noch etwa ein Drittel des ursprünglichen Volumens vorhanden ist und über einen Zeitraum von 6 Wochen bei günstigen Temperaturen keine Fruchtkörper mehr gebildet werden, kann das Stroh im Garten zur Bodenverbesserung verteilt werden. Dieses alte Stroh kann nicht zum Beimpfen von Neuanlagen verwendet werden.
Neue Pilzanlagen sollten auch nicht am selben Standort stehen.

Rotbrauner Riesenträuschling
Stropharia rugosa-annulata

Der Rotbraune Riesenträuschling wird häufig als Kulturträuschling oder Braunkappe bezeichnet.
Mitte der 60er Jahre begannen die ersten Kulturversuche in der DDR. Wegen der geringen Pflegeansprüche dieses Pilzes breitete sich sein Anbau mit rasender Geschwindigkeit aus.
In der Bundesrepublik Deutschland wurden in den 70er Jahren die ersten Kulturen angelegt; die große Verbreitung fand beziehungsweise findet in den 80er Jahren statt.

Farbtafel 2

oben links: Rotbrauner Riesenträuschling (Stropharia rugosa-annulata)
oben rechts: Austernseitling (Pleurotus ostreatus)
Mitte links: Brauner Egerling (Agaricus bisporus)
Mitte rechts: Schopftintling (Coprinus comatus)
unten links: Violetter Rötelritterling (Lepista nuda)
unten rechts: Shiitake (Lentinus edodes)

Heimat

Der Rotbraune Riesenträuschling ist auf allen Kontinenten beheimatet. Als Wildpilz wächst er auf pflanzlichen Abfällen, an sandigen Flußufern und auf verrottendem Stroh.

Steckbrief

Der Rotbraune Riesenträuschling sieht im Jugendstadium dem Steinpilz ähnlich, hat jedoch am Fruchtkörper keine Röhren, sondern Lamellen. Der Hut ist 8 bis 20 cm breit. fleischig, gewölbt bis abgerundet und rotbraun gefärbt. Sein Fleisch ist weiß, ziemlich dick und von angenehm mildem Geschmack. Die Lamellen stehen dicht und sind aschgrauviolett. Der Stiel ist 8 bis 15 cm lang und fast weiß.

Kultur

Der Träuschling kann mit geringem Aufwand und wenig Fachkenntnis kultiviert werden. Im April angelegte Kulturen bringen von Juni bis Oktober pro Strohballen 2 bis 6 kg Fruchtkörper hervor. Im August angelegte Kulturen bilden die Fruchtkörper im Herbst und Frühjahr des folgenden Jahres. Bei im September angelegten Träuschlingskulturen wachsen die Früchte ab April des folgenden Jahres.

Die Fruchtkörperbildung beginnt bei Temperaturen über 10° C.

Bodenkontakt

Der Erfolg des Träuschlingsanbaues wird durch guten Kontakt zwischen Gartenerde und Strohballen günstig beeinflußt. Das Pilzmyzel wächst in den Boden und versorgt sich so zusätzlich mit Wasser und Nährstoffen. Daher ist das Auslegen der Ballen auf Betonboden oder Kies nicht empfehlenswert.

Deckerde

Bilden sich bei gut durchwachsenen Strohballen und optimalen Temperaturen keine Fruchtkörper, sollten die Strohballen auf der Oberseite eine 4 cm dicke Deckerdeschicht bekommen. Die Abdeckung wird aus Gartenerde und Torf im Verhältnis 1:1 gemischt und in feuchtem Zustand aufgetragen. Sie schützt den Strohballen vor Austrocknung. Nach wenigen Wochen erscheinen dann die Fruchtkörper. Die Deckerde wird während der Kultur immer gleichmäßig feucht gehalten (Bewässerung bei Bedarf jedesmal zirka 1 Ltr./m^2).

Ernte

Die Fruchtkörper sind häufig im Stroh versteckt oder kommen am Rand der Ballen aus dem Boden. Die Ernte erfolgt nach Möglichkeit im Jugendstadium der Pilze, bevor der Hut ganz geöffnet ist. Die Fruchtkörper werden am unteren Stielende angefaßt und so vorsichtig herausgedreht, daß die benachbarten kleineren

Zur Ernte wird der Pilz am Stiel angefaßt und vorsichtig nach unten gedreht.

Pilze nicht gelockert und dadurch am Weiterwachstum gehindert werden. Sehr dicht beeinander stehende Pilze erntet man gemeinsam.
Bei günstigen Witterungsbedingungen bringt die Kultur des Träuschlings wahre Massenerträge, bei schlechten Bedingungen können sie über Wochen hinweg ausbleiben.

Aufbereitung
Träuschlinge können bis zur Zubereitung einige Tage im Kühlschrank oder in einem kühlen Keller aufbewahrt werden; frisch sind sie jedoch wesentlich geschmackvoller.
Geputzt sind die Fruchtkörper schnell: Der untere Teil des Stieles wird entfernt, die Pilze werden gewaschen. Ein größerer Putzaufwand fällt nur bei Pilzen mit Schädlingsbefall an.
Der Riesenträuschling kann durch Tiefgefrieren, Einwecken, Einlegen und Trocknen konserviert werden. Er läßt sich auf vielerlei Weise zubereiten.

Träuschlingskultur in Räumen
Träuschlinge benötigen für die Fruchtkörperbildung kein Licht. Für die Kultur wird eine 25 cm dicke Schicht gehäckselten Strohs beimpft und nach dem Durchwachsen mit 4 cm Deckerde abgedeckt. Als Kulturgefäß eignen sich Foliensäcke und Kisten. Die Temperatur sollte während der Durchwachsphase 22 bis 28°C betragen; während der Erntephase 18 bis 22°C. Für die Fruktifikation (Fruchtkörperbildung) müssen die Räume gelüftet werden; eine exakte Steuerung ist beim derzeitigen Kenntnisstand noch nicht möglich.

Austernseitling
Pleurotus ostreatus

Zu der Gattung *Pleurotus* gehören auch die folgenden Arten, die ebenfalls angebaut werden können:
- *P. ostreatus var. Florida*
- *P. saca*
- *P. pulmonarius*
- *P. fuscus*
- *P. eryngii* (Kräuterseitling)
- *P. cornucopiae* (Rillstieliger Seitling)
- *P. columbinus* (Taubenblauer Seitling)

Aus Kreuzungen dieser Arten entstanden außerdem noch weitere für den Anbau geeignete Sorten. Folgende Einteilung nach dem Zeitpunkt der Fruchtkörperbildung hat sich bewährt:
- Sommerstämme - zum Beispiel *Pleurotus ostreatus var. Florida*
- Winterstämme - zum Beispiel *Pleurotus ostreatus*

Der Sommerausternseitling bildet die Fruchtkörper bei Temperaturen zwischen 15 und 25°C. Das Wachstum ist schneller, die Fruchtkörper dünnfleischiger und heller als beim Wintertyp.
Der Winterausternseitling bildet bei 4 bis 16°C Fruchtkörper.
Es gibt aber auch Sorten, die von Februar bis Dezember fruktifizieren (Fruchtkörper ausbilden); diese Sorten werden als Ganzjahresstämme bezeichnet. Für eine ganzjährige Ernte baut man verschiedene Sorten an. Kennt man die neueren Sorten nicht, teilt man bei Bestellung der Brut die gewünschte Erntezeit mit.

Heimat
Der Austernseitling ist ein in Europa heimischer Wildpilz. Er wächst auf Stümpfen (Stubben) von gefällten Laubbäumen und auf sonstigen abgestorbenen

Laubgehölzen. Am natürlichen Standort bildet er im Herbst und Winter die Fruchtkörper aus.

Steckbrief
Der Austernseitling hat einen an Austern erinnernden 5 bis 20 cm großen Hut; die Farbe reicht von gelblich, bräunlich, bläulich, grau, graubraun bis braun. Im Jugendstadium sind die Hüte dunkler ausgefärbt. An ihrer Unterseite befinden sich weiße, cremefarbige, am Stiel herablaufende Lamellen. Das Fleisch des Austernpilzes ist weiß, dick und fest. Der relativ kurze Stiel sitzt seitlich am Hut. Der Hutrand junger Pilze ist nach unten gewölbt, später waagrecht und im überreifen Stadium nach oben gerichtet. Die Fruchtkörper wachsen einzeln oder in Gruppen.

Nährgrundlage
Der Austernseitling wächst sowohl auf Stroh als auch auf Holz. Der Anbau auf Stroh ist mit etwas mehr Aufwand verbunden, aber wesentlich schneller und damit intensiver.

Fermentation
Rohes Stroh hat nur einen geringen Selbstschutz gegenüber den Konkurrenten (Fremdpilzen) des Austernseitlings. Diese durchwachsen die Strohballen häufig schneller als der Kulturpilz; der Erfolg bleibt aus. Durch das Fermentieren des Strohs entwickeln sich bestimmte Mikroorganismen, die einen Schutzstoff produzieren, der den Befall mit Schadpilzen verringert beziehungsweise verhindert.
Das gewässerte Stroh wird zur Fermentation einer 36 bis 60 Stunden dauernden Wärmebehandlung bei 40°C unterzogen. Am einfachsten packt man das Stroh in schwarze oder transparente Folie und legt es in die Sonne. Mit einem Stechthermometer wird dann im Inneren die Temperatur überwacht.

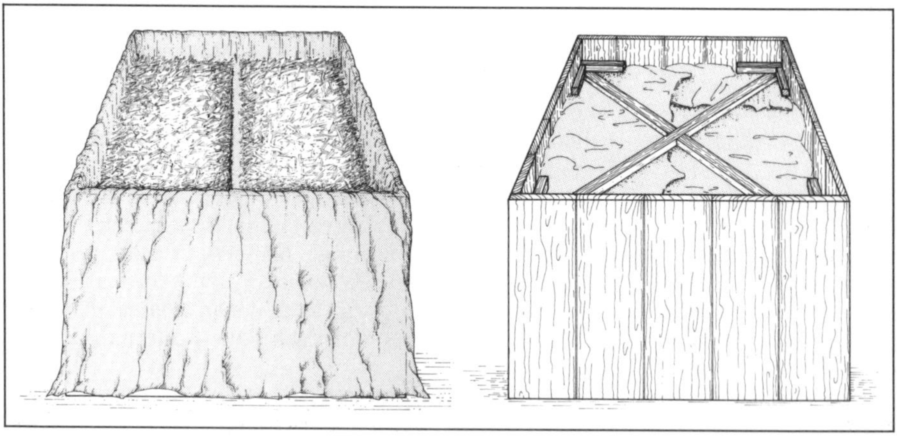

Fermentation unter Luftabschluß: 1. Um Schadpilze vom Substrat fernzuhalten, werden Strohballen fermentiert. Dies kann in einer mit Folie ausgeschlagenen Kiste geschehen. 2. Der Behälter wird vollständig mit Wasser gefüllt und die Strohballen 2 bis 3 Wochen fermentiert.

In kleinen, dichten Räumen (zum Beispiel Keller oder Stall) läßt sich mit einer kleinen Zusatzheizung die Fermentation ebenfalls durchführen.
Wenn das Stroh auf unter 30°C abgekühlt ist, kann man beimpfen.

Fermentation unter Luftabschluß
Eine weitere Möglichkeit der Strohbehandlung ist das Vergären des Strohs unter Luftabschluß (anaerobe Fermentation). Die Ballen werden in einem Behälter 2 bis 3 Wochen unter Wasser gelagert; sie müssen vollständig mit Wasser bedeckt sein. Die Fermentationsdauer ist von der Temperatur abhängig; im Frühjahr und Herbst benötigt man 3, im Sommer 2 Wochen. Bei Wassertemperaturen unter 10°C kommt keine zufriedenstellende Gärung zustande. Das fermentierte Stroh ist hellgelb und hat einen intensiv saueren Geruch. Nach der Fermentation muß das überschüssige Wasser ablaufen. Man stellt die Strohballen für zirka 24 Stunden hochkant auf einen Rost; anschließend werden sie sofort beimpft.

Kultur in Foliensäcken
Die derzeit intensivste Form des Austernpilzanbaues ist die Kultur auf Stroh in Foliensäcken. Es wird gehäckselt, gewässert, fermentiert und nach dem Abkühlen auf unter 30°C in gelochte Foliensäcke gefüllt (Lochung Durchmesser: 10 mm im Abstand von 10 bis 15 cm). Die Brut wird gleichmäßig zwischen dem Stroh verteilt; der Brutaufwand beträgt 1 bis 2 Gewichtsprozent des Strohs. Dieses muß sehr dicht, das heißt mit etwas Druck in die Säcke gepreßt werden. Die Fruchtkörper treten nach der Durchwachsphase aus den Löchern der Foliensäcke heraus. Nach der ersten Erntewelle wird es in den meisten Fällen notwendig, die Folie zu entfernen und das Substrat zu befeuchten.
Die Kultur in Foliensäcken hat folgende Vorteile:
- höhere Erträge
- schnelleres Wachstum
- Gefahr der Fremdinfektion geringer
- günstiger für die Kultivierung in Räumen

Vereinzelt bietet der Gartenbedarfsfachhandel strohgefüllte myzeldurchwachsene Foliensäcke zum Verkauf an. Derartige Austernseitlingskulturen können vom Käufer nach kurzer Kulturzeit beerntet werden.

Anbau in Räumen
Vom Austernseitling liegen, neben dem Champignon, die meisten Erfahrungen im Intensivanbau in Kulturräumen vor. Er benötigt 80 bis 90% relative Luftfeuchtigkeit und während der Fruktifikation (Fruchtkörperbildung) viel Frischluft; außerdem ist während des Fruchtkörperwachstums Licht notwendig. Eine 65 Watt-Leuchtstoffröhre ist für 6 m^2 Kulturraum ausreichend. Die Beleuchtung muß pro Tag beziehungsweise Nacht (preisgünstiger Nachtstrom) 10 Stunden eingeschaltet sein. Durch Lichtmangel entstehen sonst kleine Hüte und lange Stiele.
Die optimale Temperatur während der Fruchtkörperbildung ist für die einzelnen Austernpilzarten und -sorten unterschiedlich. Einige Wintersorten benötigen einen Temperaturschock von 13°C. Informationen über die optimale Temperaturführung der einzelnen Sorten müssen beim Brutlieferanten erfragt werden. Auch ohne Heizquelle beziehungsweise Temperatursteuerung ist der Pilzanbau in Kulturräumen interessant und liefert meist gute Erträge.

Für den ganzjährigen, in kleinem Umfang durchgeführten Anbau im Wohnbereich eignen sich zum Beispiel Keller, Garagen, Scheunen und Stallungen sowie Abstellräume. Außerdem läßt sich der Austernpilz von September bis Juni ausgezeichnet in kleinen Gewächshäusern oder Folientunneln kultivieren. Im Sommer werden diese Kulturräume für den Pilzanbau aber oft zu heiß.

Allergie durch Sporen
Während der Erntephase kommt es zum Sporenflug. Die Sporen rufen bei überempfindlichen Personen eine Allergie der Atemwege hervor, vor allem beim Anbau in Kulturräumen. Daher sollten insbesondere empfindliche Personen während der Erntephase eine Atemschutzmaske tragen.
Einige Neuzüchtungen sind sporenarm.

Ernte
Der Austernpilz sollte am frühen Morgen geerntet werden. Bei zunehmender Erwärmung beziehungsweise Sonneneinstrahlung verliert er Feuchtigkeit und dadurch an Frische. Die Fruchtkörper sind erntereif, wenn der Hutrand annähernd waagrecht ist. In Büscheln stehende Fruchtkörper werden zusammen geerntet.
Nach dem Pflücken werden die Stiele etwa 1 cm unterhalb der Lamellen abgeschnitten und weggeworfen.

Aufbereitung
Die Austernpilze können im Kühlschrank oder kühlen Keller bis zu einer Woche aufbewahrt werden. Manchmal breitet sich, besonders bei den dunklen Sorten, auf der Hutoberfläche ein aus Hyphen (Pilzfäden) bestehender weißer Belag aus. Dieser erinnert zwar an Schimmel, beeinflußt aber keinesfalls die Qualität des Pilzes. Er kann vor der Zubereitung einfach abgewaschen oder bedenkenlos mitgegessen werden. Der Austernpilz wird vor der Zubereitung unter fließendem Wasser gesäubert.

Anbauverfahren für kompostbewohnende Pilze

Vorbereitung der Kultur

Zu den kompostbewohnenden Kulturpilzen gehören Champignon, Brauner Egerling, Schopftintling und Violetter Rötelritterling. Diese Arten nennt man auf Grund ihrer Ansprüche an die Nährgrundlage Sekundärzersetzer. Pferdemist und Hühnerkot unter Zugabe von Gips und Wasser müssen kompostiert werden, damit man sie als Pilzsubstrat verwenden kann.
Durch die Tätigkeit der Mikroben (Bakterien und Pilze) werden die leichter zersetzbaren Kohlenhydrate abgebaut; es entsteht Wärme. Durch die sich im Kompost entwickelnden hohen Temperaturen und dem Ammoniak wird das Stroh im Mist angerottet. Da zu hohe Temperaturen eine Verbrennung bewirken und die Temperaturen im Komposthaufen unterschiedlich sind, muß er mehrmals umgesetzt werden.

Anlagezeit
Die Kulturen von Champignon, Braunem Egerling und Schopftintling werden im Garten zwischen April und Anfang

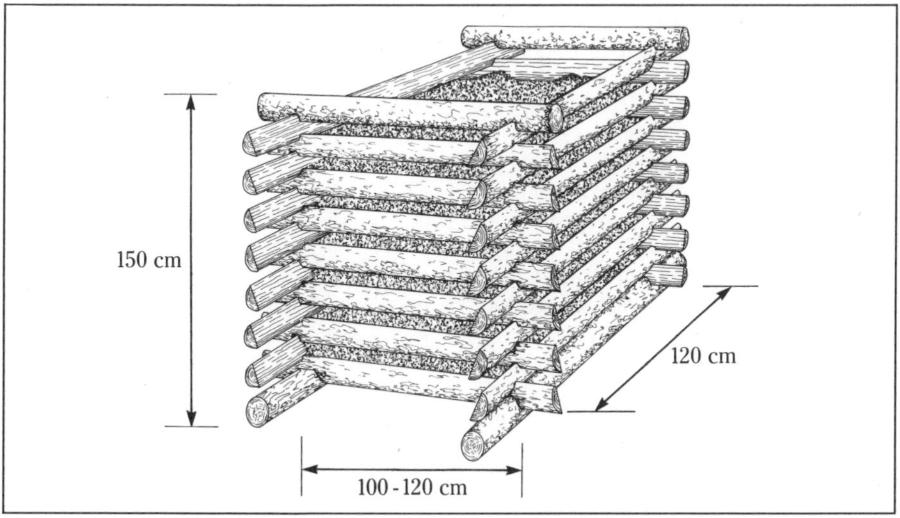

Kompost als Pilzsubstrat wird vor der Verwendung einige Wochen fermentiert. Die Breite von 120 cm sollte nicht überschritten werden.

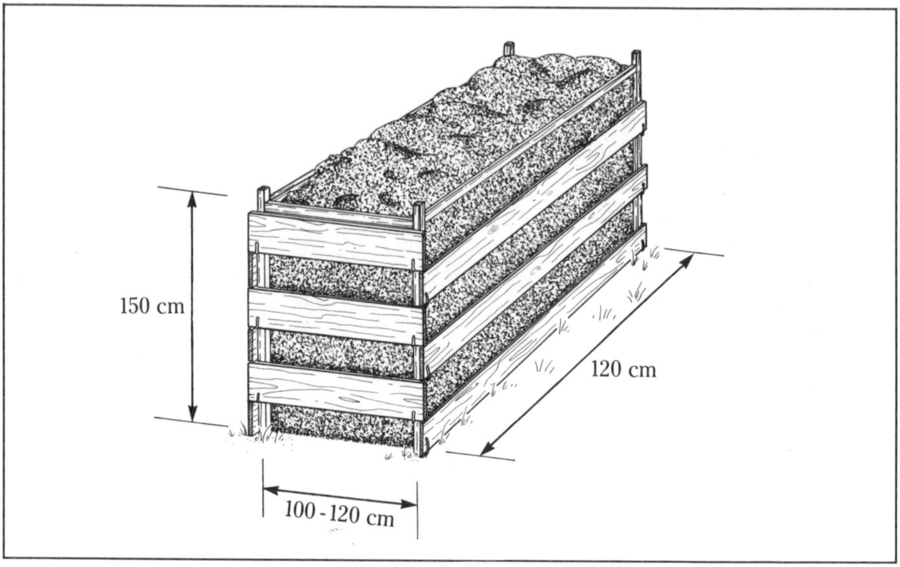

Kompostsilos können mit einfachen Mitteln selbst hergestellt werden.

August, die des Violetten Rötelritterlings von Anfang Mai bis Mitte Juni angelegt. Soweit es das Klima zuläßt, führt der Anbau in Folgesätzen zu einer kontinuierlichen Ernte.

Zukauf von Pilzkompost

Für Neulinge im Pilzanbau ist der Zukauf von frischem Champignonkompost zu empfehlen. Dieses Substrat von Champignon-Spezialbetrieben wird unter optimalen Bedingungen hergestellt; Aufbau und Ertrag werden sicherer.

Herstellung von Pilzkompost

Der Hauptbestandteil zur Herstellung von Pilzkompost ist frischer Pferdemist (nicht älter als 4 Wochen) aus Ställen mit Weizen- oder Roggenstroh als Eintreu. Zur Erhöhung des Stickstoffgehaltes werden ungefähr 10 Gewichtsprozent getrockneter oder 20 Gewichtsprozent feuchter Hühnerkot gleichmäßig unter den Pferdemist gemischt. Außerdem wird mit 10 kg Gips pro m^3 Pferde- und Hühnermist der Kalkgehalt angehoben. Für die unten beschriebene Kompostie-

Farbtafel 3

oben links: Stockschwämmchen (Kuehneromyces mutabilis)
oben rechts: Samtfußrübling (Flammulina velutipes)
Mitte links: Südlicher Schüppling (Agrocybe aegerita)
Mitte rechts: Graublättriger Schwefelkopf (Hypholoma capnoides)
unten: Judasohr (Auricularia auricula-judae)

rung sind mindestens folgende Mengen der Ausgangsstoffe notwendig:
Pferdemist: 1000 kg Frischgewicht
Hühnerkot: 200 kg Frischgewicht
(100 kg Trockengewicht)
Gips: 25 kg (lufttrocken)
Kleinere Einheiten führen nicht zu den nötigen Temperaturen, die für die Umsetzung des organischen Materials notwendig sind.
Die Kompostbereitung sollte möglichst im Schatten auf einem festen Untergrund wie zum Beispiel Betonboden oder einer dickeren Folie durchgeführt werden.
Der Komposthaufen aus den oben genannten Ausgangsstoffen sollte 100 bis 120 cm breit, 150 cm hoch und mindestens 120 cm lang sein (je nach Zubereitungsmenge). Zum Aufsetzen eignen sich im Gartenbedarfsfachhandel erhältliche, einfach auseinandernehmbare Kompostsilos. Sie können natürlich auch aus Brettern selbst hergestellt werden.
Pferdemist und Hühnerkot werden auf dem Kompostplatz mit einer Mistgabel aufgelockert und mit dem Gips gut gemischt. Dann wird der Haufen in 30 cm dicken Lagen gestapelt. Jede einzelne Lage wird mit einer Brause gewässert; nach der dritten bis fünften Lage etwas kräftiger befeuchten, jedoch nicht so stark, daß das Wasser unten herausfließt. Zur besseren Verdichtung des Haufens wird ebenfalls ab der dritten Lage das organische Material mit den Stiefeln zusammengepreßt.
Die Mikroorganismen nehmen nun die Arbeit auf und beginnen mit der Umsetzung. Nach einer Woche wird der Kompostsilo abgebaut, der Stapel auseinandergezogen, aufgelockert und auf die gleiche Art und Weise wieder aufgebaut. Man sollte darauf achten, daß das vorher außen gelegene Material jetzt nach innen kommt. Nach einer weiteren Woche wird der Haufen auf die gleiche Weise umgesetzt; gewässert werden nur noch die Stellen, die trockengebrannt sind.
Der Pilzkompost ist fertig, wenn der stechende Ammoniakgeruch nicht mehr wahrnehmbar ist (nach ungefähr 3 Wochen). Das Stroh muß durch die Kompostierung so mürbe sein, daß man es mit den Händen zerreißen kann. Der richtige Wassergehalt wird überprüft, indem man eine Hand voll Kompost nimmt und fest zusammenpreßt. Es darf kein Wasser herausspritzen oder -laufen, jedoch sollten sich zwischen den Fingern einige Tropfen Wasser ansammeln.
Diese Überprüfung zeigt, ob der Kompost noch einmal für eine weitere Woche aufgesetzt und bewässert oder ob er schon jetzt als Substrat verwendet werden kann.

Farbtafel 4

Beimpfen eines Strohballens mit Braunkappenbrut
oben links: Vor dem Beimpfen (Spicken) wird der Ballen gründlich gewässert; danach läßt man das überschüssige Wasser ablaufen.
oben rechts: Auf der Oberseite werden mit einem Setz- oder Pflanzholz etwa 12 bis 15, ungefähr 20 cm tiefe Löcher in den Ballen gestoßen.
Mitte links: Die Pilzbrut wird zu kastaniengroßen Kugeln geformt.
Mitte rechts: Das Myzel wird in die Löcher gedrückt und anschließend gut festgetreten.
unten links: Der Strohballen wird vom Myzel durchwachsen.
unten rechts: Nach etwa 4 bis 8 Wochen erscheinen die ersten Fruchtkörper.

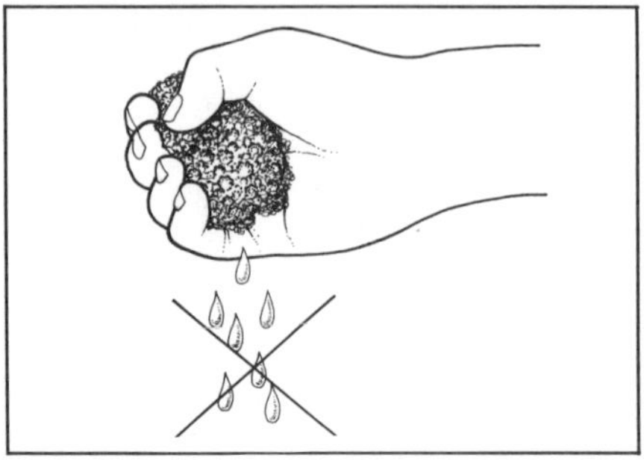

Der Wassergehalt des Komposts wird durch zusammenpressen in der Hand überprüft. Es darf kein Wasser herauslaufen; zwischen den Fingern sollten sich einige Tropfen ansammeln.

Anlage der Pilzbeete

Die Beete für kompostbewohnende Pilze passen besonders gut in den Gemüsegarten. Der Standort sollte windgeschützt und schattig sein.

Der Mutterboden der geplanten Beetfläche wird 20 cm tief und 120 cm breit ausgehoben; die Länge ist von der Kompostmenge abhängig. Der Untergrund der Beete muß wasserdurchlässig sein, damit keine Staunässe auftritt. Der Pilzkompost wird in die ausgehobenen Beete aufgefüllt und angedrückt - die Kompostschicht sollte 20 cm stark sein. Zum Schutz des Pilzbeetes vor direkter Sonneneinstrahlung und starken Niederschlägen überbaut man die Kultur mit Strohmatten, Polyester- oder Polypropylenvlies oder anderen geeigneten Materialien.

Nach dem Anlegen der Beete überwacht man die Temperaturentwicklung im Inneren des Kompostes mit einem Stechthermometer. Ist die Temperatur unter 30° C abgefallen, kann das Beimpfen mit der entsprechenden Pilzbrut beginnen.

Die Kultur läßt sich ebenso in Holz- oder Kunstoffkisten sowie Foliensäcken durchführen.

Beimpfen (Spicken)

Der Brutaufwand beträgt 1,5 l je m^2 Beetfläche oder 1 Gewichtsprozent des Kompostes (1,5 l Brut je 100 kg Kompost); für den Anbau des Violetten Rötelritterlinges ist die doppelte Menge notwendig.

Die Brut wird flächenmäßig in das Substrat eingearbeitet, so daß ein gleichmäßiges Durchwachsen erreicht wird. Anschließend wird der Kompost wieder gut angedrückt.

Kulturverlauf

Durchwachsphase

Zur Erhaltung der notwendigen Feuchtigkeit im Substrat wird die Anlage mit Zeitungspapier, feingelochter Folie oder Strohmatten abgedeckt; diese Abdeckung wird des öfteren befeuchtet.

Während der Durchwachsphase sollte unbedingt die Temperatur im Inneren des Substrates überwacht werden. Durch die Tätigkeit der Mikroorganismen und das Wachstum des Myzels kann eine zu hohe Temperatur entstehen; der Pilz stirbt ab. Daher sollte bei Temperaturen über 26° C die Abdeckung gelüftet werden. Bei günstigen Bedingungen (20 bis 24° C) durchwächst das Pilzmyzel den Kompost in 2 bis 4 Wochen; bei niedrigeren Temperaturen dauert es entsprechend länger. Auf der Oberfläche wird dann das weiße, spinnwebartige Myzel beim Violetten Rötelritterling lilafarben sichtbar.

Auftragen von Deckerde

Nachdem das Pilzmyzel den Kompost gleichmäßig durchwachsen hat, wird das Abdeckmaterial entfernt und eine 4 bis 6 cm dicke Deckerdeschicht gleichmäßig aufgetragen. Sie gewährleistet die für die Fruchtkörperbildung notwendige gleichmäßige Wasserversorgung; deshalb muß diese Schicht viel Wasser speichern können. Die Deckerde stellt man nach folgendem Rezept her:

- 90 Volumenprozent Schwarz- und/oder Weißtorf
- 5 Volumenprozent Quarz- beziehungsweise Flußsand
- 5 Volumenprozent Kohlensaurer Kalk

Geeignet sind auch Mischungen mit 20 bis 30 Volumenprozent Gartenerde oder 10 bis 15 Volumenprozent Ton. Wichtig ist der ph-Wert, der zwischen 7,0 und 7,5 liegen sollte. Die Deckerde muß eine gute Krümelstruktur haben, damit ein Gasaustausch (Kohlendioxyd und Sauerstoff) zwischen Kompost, Deckerde und Atmosphäre gegeben ist.

Die Deckerde wird in feuchtem Zustand aufgebracht. Sie hat die richtige Feuchtigkeit, wenn beim Zusammendrücken einige Wassertropfen zwischen den Fingern hervorquellen.

Nach zirka 2 Wochen wird das Myzel an der Oberfläche als grauweißer Belag sichtbar. Zur besseren Verteilung des

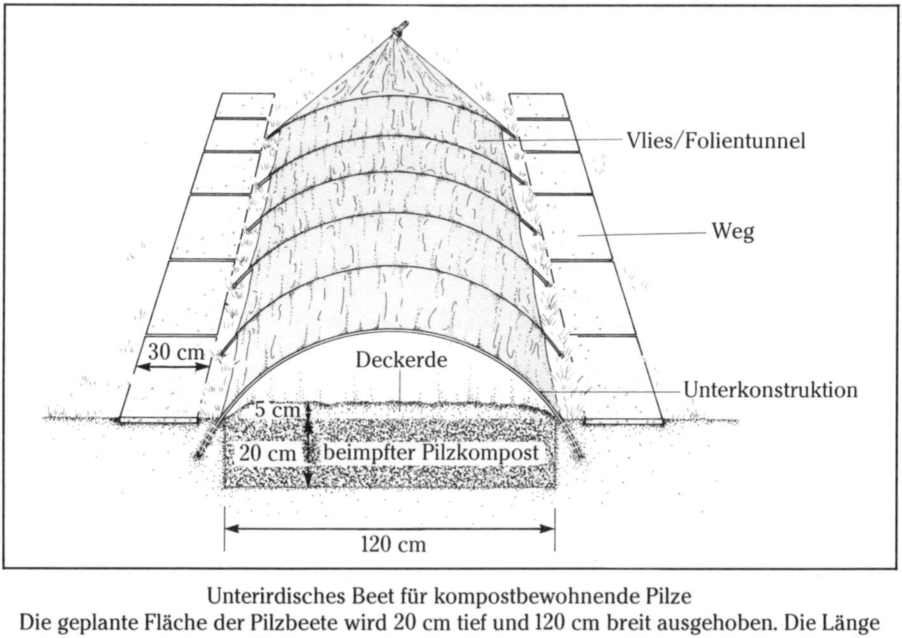

Unterirdisches Beet für kompostbewohnende Pilze
Die geplante Fläche der Pilzbeete wird 20 cm tief und 120 cm breit ausgehoben. Die Länge richtet sich nach der zur Verfügung stehenden Kompostmenge. Während der Durchwachsphase wird das Substrat mit einer Schicht Deckerde abgedeckt.

Myzels und zur Anregung der Fruchtkörperbildung wird die Deckerde mit einem Dreizink aufgerauht (nicht notwendig beim Violetten Rötelritterling). Sie wird immer leicht feucht gehalten. Bewässert wird mit einer feinen Brause (bei Bedarf zirka 1 Ltr./m²). Die Feuchtigkeit wird des öfteren durch Zusammenpressen der Erde mit der Hand überprüft.

Fruchtkörperbildung

Die Fruchtkörperbildung beginnt bei günstigen Temperaturen frühestens 5 bis 6 Wochen nach dem Beimpfen. Während des Wachstums der Fruchtkörper wird viel Wasser benötigt. Da die Pilze aber bis zu einem Durchmesser von 1 cm nicht überbraust werden sollen, muß die Kultur zuvor optimal mit Wasser versorgt sein. Die Fruchtkörperbildung erfolgt in Schüben, die man auch als Erntewellen bezeichnet. Der Abstand der Wellen beträgt bei guten Voraussetzungen etwa 1 Woche und wiederholt sich mehrfach, bis dem Substrat durch das Fruchtkörperwachstum alle Nährstoffe entzogen sind.

Kulturmaßnahmen

Während der gesamten Kultur ist das Wässern die wichtigste Pflegemaßnahme. Der Feuchtigkeitsgehalt sollte

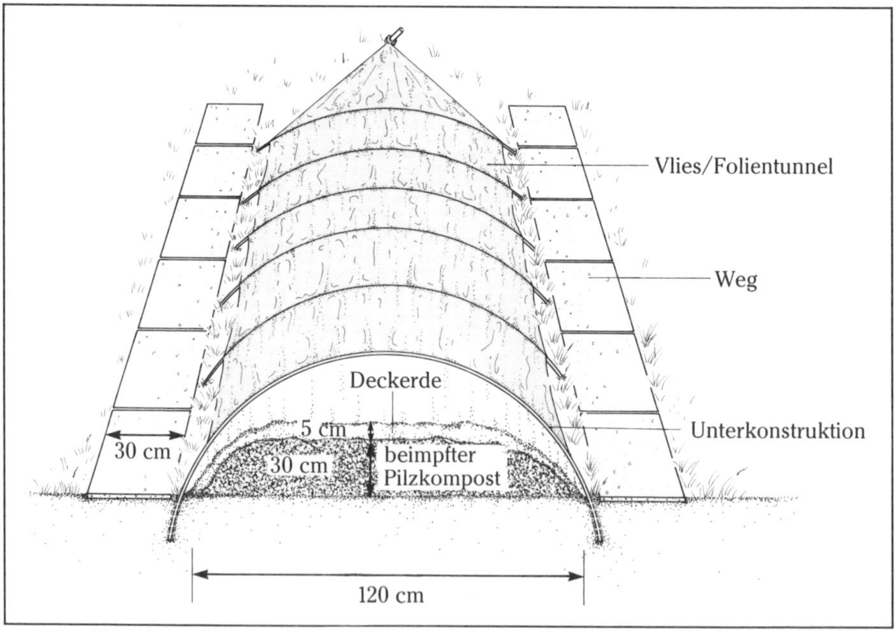

Oberirdisches Beet für kompostbewohnende Pilze
Der Kompost kann 30 cm hoch und 120 cm breit ausgebracht werden. Eine Überbauung mit einem lüftbaren Folientunnel zum Schutz vor zu starker Sonneneinstrahlung und Niederschlägen ist sinnvoll.

häufig überprüft und entsprechend korrigiert werden. Die einzelne Wassergabe beträgt etwa 1 Liter je m^2 Beetfläche und wird mit einer feinen Brause nach Bedarf wiederholt. Zwischen den einzelnen Erntewellen benötigt die Kultur je nach Ertragshöhe 3 bis 5 Liter Wasser je m^2 Beetfläche.
Während und nach den Erntearbeiten ist auf den Kulturbeeten auf äußerste Sauberkeit zu achten. Liegengebliebene Teile von Fruchtkörpern ziehen Krankheiten und Schädlinge an. Nach den einzelnen Erntewellen ist es von Vorteil, die Beete mit einer 1 cm dicken Deckerdeschicht neu abzudecken.

Ernte
Der Champignon kann in verschiedenen Reifestadien geerntet werden. Für bestimmte Gerichte verwendet man kleine, noch geschlossene, für andere wiederum große, offene Fruchtkörper. Ist in der Erntezeit mit einem starken Schädlingsbefall zu rechnen, bestimmt dieser den Erntezeitpunkt.
Der Schopftintling wird im Jugendstadium mit geschlossenem Hut geerntet. Ältere Fruchtkörper mit beginnender Verfärbung sind nicht mehr genießbar.
Der Violette Rötelritterling kann noch bis zur Verfärbung der Lamellen geerntet werden. Die Pilze werden am Stiel angefaßt, vorsichtig herausgedreht; die verschmutzte Stielbasis wird abgeschnitten.

Nach der Ernte
Die ersten Pilzwellen haben die besten Wachstumsbedingungen und liefern daher auch die höchsten Erträge. Mit den nachfolgenden Wellen verringern sich die Nährstoffreserven, bis die Fruchtkörper schließlich ganz ausbleiben.
Die Pilzbeete können dann dem Gemüseanbau wieder zugänglich gemacht werden. Man entfernt die Schattierung beziehungsweise den Regenschutz und ebnet das Beet ein. Als nachfolgende Gemüsearten sollten Starkzehrer (zum Beispiel Kohlarten) angebaut werden. Wandert man mit dem Standort des Pilzbeetes durch den Garten, erhält man in einigen Jahren einen besonders fruchtbaren Boden.

Anbau in Räumen

Die kompostbewohnenden Kulturpilze eignen sich wegen ihrer geringen Ansprüche und ihrer Unabhängigkeit vom Licht besonders gut für den Anbau in Räumen. Geeignet sind kühle, möglichst feuchte und lüftbare Räume. Ein Anbau größeren Stils kann zum Beispiel in Kellern, Garagen, Scheunen und Stallungen durchgeführt werden; der kleinere Anbau im Wohnungsbereich und Abstellräumen.
Es gibt viele weitere Möglichkeiten und Kombinationen, die jedoch immer den

Pilzart	Pilzertrag je 100 kg Substrat
Champignon	10 – 15 kg
Brauner Egerling	10 – 12 kg
Schopftintling	12 – 15 kg
Violetter Rötelritterling	3 – 4 kg

Kultur- und Wachstumsbedürfnissen der Pilze Rechnung tragen müssen.
Für die Fruktifikation (Bildung der Fruchtkörper) benötigen die Pilze viel Sauerstoff; die Räume müssen daher gut lüftbar sein. Räume mit intensivem Pilzanbau in Stellagen müssen mit einem Ventilator zur Frischluftzufuhr ausgerüstet werden.

Anbau in Foliensäcken und Kulturgefäßen

Voraussetzung für den Anbau in Räumen sind geeignete Kulturgefäße. Kleinere, dekorative Behälter wie zum Beispiel Ton- und Kunststofftöpfe oder Pflanzkästen können für den Anbau in kühlen Wohnräumen, größere Gefäße wie Holz- und Plastikkisten, Eimer oder Foliensäcke für den Anbau in Kellerräumen und Garagen verwendet werden.
Findet ein wiederholter Anbau in denselben Kulturgefäßen statt, müssen sie entseucht werden, sonst verhindern Krankheiten den Kulturerfolg. Zur Desinfektion gibt es zum einen chemische Mittel, zum anderen die Behandlung mit hohen Temperaturen (mindestens 30 Minuten über 90°C). Desinfektionsmittel sind heute aus gesundheits- und umweltgefährdender Sicht sehr umstritten, und die Temperaturbehandlung ist für den Hobbyanbau oft nicht durchführbar. Daher ist der Anbau in den nur einmal zu verwendenden Polyäthylen (PE)-Foliensäcken am geeignetsten. Ein weiterer Vorteil liegt darin, daß man Folienbeutel und -säcke in vielen Haushaltswarengeschäften in allen Größen relativ preiswert kaufen kann. Für den Pilzanbau eignen sich Beutel aus transparenter Folie von 10 bis 300 Liter Größe; die kleineren sind für den Anbau in Wohnräumen geeignet. Für die Kultur in Keller und Garage sind 80-Liter-Säcke und breite Säcke mit einem Durchmesser von 50 bis 80 cm am geeignetsten.

Kultur in 80-Liter-Foliensäcken

Der Kompost für den Anbau in Foliensäcken sollte dreimal umgesetzt sein, damit er keinen Ammoniak mehr enthält und die Temperatur nicht mehr so hoch ist. Er wird beim Befüllen der Säcke mit der Körnerbrut (mit Myzel durchwachsene Getreidekörner) beimpft. Für einen 80-Liter-Sack benötigt man ⅓ bis ½ Liter, für den Violetten Rötelritterling die doppelte Menge Brut. Besonders wichtig ist ihre gleichmäßige Verteilung. Der Sack wird mit leichtem Druck gefüllt. Nachdem er mit Klebeband oder Draht verschlossen ist, werden mit einem Bleistift oder einem ähnlichen Gegenstand zirka 30 Löcher, gleichmäßig verteilt, in den Sack gestochen. Zum schnellen Durchwachsen eignet sich der etwas wärmere Heizungskeller. Während der Durchwachsphase können die Säcke dicht gestapelt werden. Bei Temperaturen zwischen 20 und 24°C durchwächst das Pilzmyzel in 2 bis 3 Wochen den Kompost.
Die Säcke werden nun in den eigentlichen Kulturraum transportiert und flach auf den Boden oder zur besseren Raumausnutzung in ein Regal gelegt. Mit einem scharfen Messer oder einer Schere wird die Oberseite des flachen Sackes aufgeschnitten. Auf diese Öffnung wird ein selbst hergestellter, 6 cm hoher Holzrahmen gesetzt und mit der Deckerde aufgefüllt.
Etwa 8 bis 9 Tage nach dem Abdecken wird die Deckerde aufgekratzt und der Raum gut gelüftet. Nach weiteren 2 Wochen erscheinen bei 16 bis 18°C die ersten Fruchtkörper. Bei diesen günsti-

gen Temperaturen kann mit Erntewellen in wöchentlichem Rhythmus gerechnet werden.
Der Violette Rötelritterling benötigt zur Fruchtkörperbildung Temperaturen unter 16° C.

Kultur in breiten Foliensäcken
Die breiten Foliensäcke (Durchmesser 50 bis 80 cm) werden stehend genutzt. Sie werden etwa 20 cm hoch mit bespicktem Kompost gefüllt und während der Durchwachsphase oben zusammengebunden. Auch hier werden zum Gasaustausch einige Löcher benötigt. Nach der Durchwachsphase wird der Foliensack oben geöffnet und die Folie nach unten zusammengerollt. Anschließend wird der Kompost mit Deckerde abgedeckt. Der Folienwulst endet etwa 2 cm über der Deckerde. Die weitere Kultur verläuft wie bereits beschrieben.

Der Sack wird mit Klebeband oder Draht verschlossen.
Mit einem spitzen Gegenstand sticht man Löcher, besonders im unteren Teil, in den Sack.

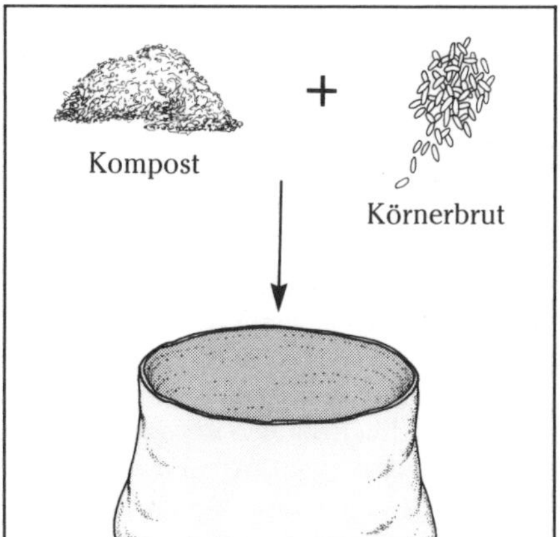

Kultur in breiten Foliensäcken
Während man den Sack mit leichtem Druck etwa 20 cm hoch mit Kompost füllt, wird gleichmäßig Körnerbrut untergemischt.

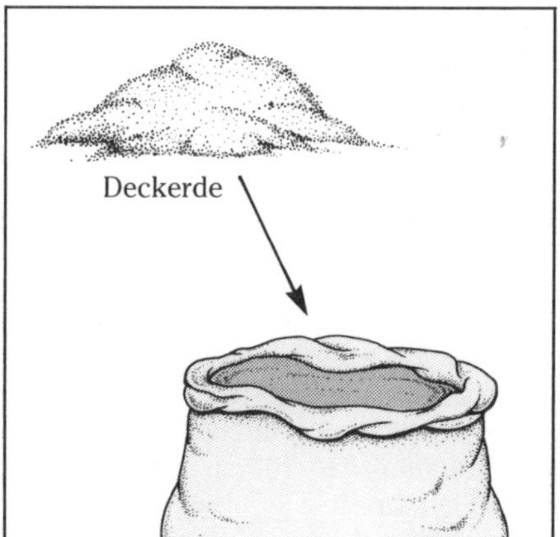

Nach der Durchwachsphase wird der Sack im Kulturraum aufgestellt. Man öffnet den Sack und rollt die Folie nach unten; anschließend wird Deckerde aufgefüllt.

Champignon, Egerling

Agaricus bisporus

Der Champignon ist in Europa der älteste und bedeutendste Kulturpilz. Der Anbau geht bis in das 17. Jahrhundert zurück, wo er in der Nähe von Paris in unterirdischen Kasematten kultiviert wurde. Die heutigen Sorten wurden aus verschiedenen Agaricusarten gezüchtet. Neben dem Kulturchampignon *(Agaricus bisporus)* spielt noch der Stadtchampignon *(A. bitorquis)* eine gewisse Rolle. Diese Champignonart bildet auch noch bei hohen Temperaturen Fruchtkörper und ist daher vereinzelt im Sommeranbau zu finden. In den letzten Jahren hat der braune Kulturchampignon erheblich an Marktbedeutung gewonnen. Er ist botanisch gesehen mit dem weißen Champignon identisch und wird im allgemeinen als Brauner Egerling bezeichnet.

Heimat

Der Champignon ist in unseren Breiten beheimatet. In der Natur wächst er auf fetten Böden und auf Pferdemist, in Gärten und an Waldrändern.

Steckbrief

Der Champignon hat einen gewölbten, fleischigen, bis zu 10 cm großen Hut. Die Oberfläche ist glatt oder leicht schuppig und weiß, gelblich, rosa oder braun gefärbt. Die Lamellen sind anfangs weiß, verfärben sich mit zunehmendem Alter der Fruchtkörper rötlich und werden schließlich braun. Der Stiel ist 3 bis 6 cm lang, weiß und glatt.

Schopftintling

Coprinus comatus

Der Schopftintling ist ein sehr begehrter Speisepilz, läßt sich gut kultivieren, hat aber einen Nachteil: wenn der Fruchtkörper reif wird, zerfließt er in eine tintenartige Flüssigkeit. Um diese Autolyse (Abbau von Eiweiß) zu umgehen, muß der Schopftintling sehr jung geerntet und innerhalb weniger Tage verarbeitet werden. Da im Gegensatz zum erwerbsmäßigen Anbau die jungen Fruchtkörper direkt verwendet werden können, ist die Kultur von Schopftintlingen sehr interessant.

Neben dem hohen Ernährungswert hat dieser Pilz noch eine blutzuckersenkende Wirkung und wird daher für Diabetiker empfohlen.

Farbtafel 5

Schnittimpfmethode

oben links: Der Stamm wird durch zwei parallele Schnitte (Abstand 8 bis 10 mm) bis zur Mitte eingesägt.

oben rechts: Mit Hammer und Stechbeitel wird das Holzstück herausgeschlagen.

Mitte links: Die frische Impfstelle kann nun mit Pilzbrut gefüllt werden.

Mitte rechts: Ein Beimpfen ist sowohl mit Körnerbrut als auch mit Myzel durchwachsenen Holzscheiben (Spickscheiben) möglich.

unten links: Die Impfstelle muß gut mit Brut gefüllt sein.

unten rechts: Eine dichte Abdeckung mit Folienklebeband schützt die Brut besonders vor tierischen Schädlingen.

Heimat
Dieser bei uns heimische Pilz wächst auf allen fetten Böden; man findet ihn vom Frühjahr bis zum Herbst.

Steckbrief
Der Hut des Schopftintlings ist zuerst zylindrisch, hochrund bis kugelig und wird mit zunehmendem Alter immer glockenförmiger. Er ist geschuppt und anfangs weiß, vom Rand her wird er rosa und zerfließt dann in tintenartige Flüssigkeit; die Höhe beträgt 4 bis 10 cm, die Breite 3 bis 4 cm. Auch die Lamellen sind zuerst weiß, verfärben sich dann von unten nach oben immer mehr rosa und zerlaufen schließlich ebenfalls.
Das Fleisch des Schopftintlings ist weiß und fest. Der Stiel ist 10 bis 20 cm hoch, schlank und weiß.

Farbtafel 6

Scheibenimpfmethode
oben links: An einer Seite des Stammes schneidet man eine 5 cm dicke Scheibe ab.
oben rechts: Der Stamm wird an den Kulturstandort gebracht. Auf die Schnittstelle wird ungefähr 1 cm dick Brut aufgetragen.
Mitte links: Die abgeschnittene Scheibe wird mit einem langen Nagel auf der Brut befestigt.
Mitte rechts: Anschließend verschließt man die Impfstelle mit einem Folienklebeband.
Keilimpfmethode
unten links: Es werden keilförmige, 6 cm breite, bis zur Mitte des Stammes reichende Einschnitte gemacht. Die Schnittstelle füllt man mit Pilzbrut auf.
unten rechts: Danach werden die Holzkeile angenagelt und die Impfstelle mit Klebeband umwickelt.

Violetter Rötelritterling
Lepista nuda

Der Anbau dieses Pilzes ist kulturtechnisch gesehen noch nicht sehr weit ausgereift. Zur Zeit werden an verschiedenen Instituten die Grundlagen zur Verbesserung der Kultur des Violetten Rötelritterlings erarbeitet.

Heimat
Der Violette Rötelritterling ist in Europa heimisch. Man findet ihn von Herbst bis Frühjahr auf humusreichen Waldböden (meist unter Nadelbäumen).

Steckbrief
Der Violette Rötelritterling zählt zu den farbenprächtigsten Pilzen. Der 5 bis 15 cm breite Hut ist glatt, fast waagerecht und hat eine violette Färbung mit bräunlicher Mitte. Die Lamellen sind erst hellviolett, später violett-bräunlich. Das zarte Fleisch ist weiß-violett. Der Stiel ist 5 bis 10 cm lang und ebenfalls violett; die Basis ist knollig verdickt und filzig.

Anbauverfahren für holzbewohnende Pilze

Vorbereitung der Kultur

Der Anbau von holzbewohnenden Kulturpilzen ist die extensivste und zugleich einfachste Art, Speisepilze zu kultivieren. Der Erfolg beim Anbau auf Holz ist am sichersten.
Die bedeutendsten holzzersetzenden Kultur- beziehungsweise Speisepilze sind Austernseitling, Shiitake, Stockschwämmchen, Samtfußrübling, Südlicher Schüppling, Graublättriger Schwefelkopf und Judasohr; von versierten Liebhabern werden aber schon weitaus mehr Pilzarten angebaut.
Holzbewohnende Pilze besitzen die Fähigkeit, Cellulose und Lignin abzubauen. In der Natur besiedeln derartige Pilze schwer zersetzbare, cellulosehaltige Materialien wie Äste, Baumstümpfe (Stubben), Wurzeln und Stroh.
Die normalerweise kultivierten Pilze befallen keine lebenden Bäume, so daß Obst- und Ziergehölze im Garten keiner Gefahr ausgesetzt sind. Es gibt aber auch Holzzersetzer, die lebende Bäume besiedeln. Vom Anbau dieser Arten (unter anderem Hallimasch) ist deshalb abzuraten.

Anlagezeit
Die holzbewohnenden Pilzkulturen kann man im Freien von April bis September anlegen; am günstigsten von April bis Juni. Besteht die Möglichkeit, die Hölzer in einem Raum (Heizungsraum, Keller, Garage, Stall usw.) vom Myzel durchwachsen zu lassen, so kann man sie unabhängig von der Jahreszeit beimpfen.

Holzstämme als Nährgrundlage
Die hier beschriebenen Pilze bevorzugen, mit Ausnahme des Graublättrigen Schwefelkopfes, Laubgehölze. Einzelne wiederum ziehen bestimmte Baumarten vor, auf denen Wachstum und Ertrag besonders gut sind. Aber nicht alle möglichen Kombinationen von Pilz-/Holzart wurden bisher getestet.
Holzstämme können von Gemeinde- und Forstverwaltungen, Holz- und Kaminholzhändlern oder Waldbesitzern bezogen werden. Das Holz muß frisch, weder gespalten noch mit Konkurrenzpilzen besiedelt sein.
Der optimale Impfzeitpunkt liegt zwischen 6 und 16 Wochen nach dem Fällen der Bäume. In frisch geschlagenen Stämmen wirken noch die Abwehrkräfte des lebenden Baumes gegen die ‚Infektion' durch den Kulturpilz, so daß der Kulturerfolg ausbleiben kann.
Läßt sich eine Lagerung der Hölzer von mehr als 4 Monaten nicht vermeiden, sollten sie trocken aufbewahrt werden. Dadurch werden sie von Schad- oder Konkurrenzpilzen nicht so stark befallen. Nach der Lagerung müssen die Hölzer 3 Tage in einen Wasserbehälter getaucht oder 1 Woche mehrmals täglich mit dem Regner besprüht werden.
Der optimale Wassergehalt des Holzes ist erreicht, wenn frisches Sägemehl nach dem Zusammenpressen in der Hand

etwas klebt anstatt sofort auseinanderzufallen. Zu trockenes Holz ist an den Rissen der Schnittflächen zu erkennen; sind diese über 1 mm breit, sollten die Hölzer vor dem Impfen gewässert werden.
Der Gesundheitszustand des Holzes läßt sich an der frischen Schnittstelle und an der Rinde erkennen. Gesundes Holz ist hell und fest, die Rinde noch gut mit dem Holz verbunden.

Hart- oder Weichholzarten
Hölzer von Baumarten, die zu den Harthölzern zählen, haben ein höheres spezifisches Gewicht als Weichholzarten. Das bedeutet, daß den Pilzen in gleichgroßen Stämmen mehr Nährstoffe zur Verfügung stehen.
In nebenstehender Aufstellung sind die am häufigsten im Anbau befindlichen Kombinationen aufgeführt. Diese Pilze wachsen jedoch auch auf anderen Laubbaumarten (auch Obstbäume).
Hölzer von Kernobstarten sind besser geeignet als Steinobstarten.

Zuschnitt der Hölzer
Der Zuschnitt der Hölzer sollte möglichst kurz vor dem Beimpfen erfolgen. Je kleiner das Holz vor der Lagerung geschnitten wurde, um so größer ist die Gefahr der Besiedelung durch Fremdpilze.
Shiitake und Judasohr werden in Knüppelhölzern kultiviert, die 8 bis 15 cm dick und zirka 120 cm lang sein sollten.
Für die anderen Pilzarten lassen sich Hölzer ab 10 cm Durchmesser verwenden. Dünnere Hölzer mit einem Durchmesser von 10 bis 20 cm werden für die liegende Kulturweise 100 bis 120 cm lang geschnitten; dickere Hölzer für die stehende Kulturweise 40 bis 50 cm. Beim Zuschneiden der Hölzer sollte man für den Transport auch das hohe Gewicht bedenken. Bu-

Die richtige Baumart für die Pilzkultur

Pilzart	Baum	Holzart*
Austernseitling	Rotbuche	H
	Hainbuche	H
	Pappel	W
	Birke	W
	Weide	W
	Ahorn	H
	Eberesche	H
	Obstgehölze	H
Shiitake	Eiche	H
	Rotbuche	H
	Hainbuche	H
	Birke	W
	Erle	W
	Edelkastanie	W
Stockschwämmchen	Rotbuche	H
	Hainbuche	H
	Erle	W
	Espe	W
	Ahorn	H
	Birke	W
	Pappel	W
	Weide	W
Samtfußrübling	Rotbuche	H
	Linde	W
	Roßkastanie	W
	Weide	W
	Robinie	H
Südlicher Schüppling	Pappel	W
	Weide	W
Graublättriger Schwefelkopf	Fichte	W
	Kiefer	W
	Rotbuche	H
Judasohr	Holunder	W

*H = Hartholz W = Weichholz

chenholz zum Beispiel mit einem Durchmesser von 50 cm und einer Länge von 50 cm wiegt ungefähr 67 kg.

Beimpfung der Hölzer

Das Pilzmyzel wächst nach dem Beimpfen zuerst in Längsrichtung. Für ein schnelleres Durchwachsen ist daher eine Beimpfung auf der gesamten Durchmesserfläche im Abstand von zirka 40 cm erforderlich. Die Pilzbrut wird auf frisch angesägte Holzteile aufgetragen und gut verschlossen. Bei günstigen Bedingungen wächst dann das Myzel in das Holz. Nachfolgend sind die verschiedenen Methoden zur Beimpfung der Hölzer dargestellt.

Schnittimpfmethode

Die Schnittimpfmethode läßt sich besonders gut, und vor allem schnell, mit einer Kettensäge durchführen. Bei den längeren, dünneren Hölzern werden 4 Einschnitte parallel zu den Endschnittflächen gemacht. Die Hölzer werden bis zur Mitte durchsägt, wobei die beiden äußeren Schnitte 20 cm, die beiden inneren 30 cm von den Enden entfernt angebracht werden. Die Schnittansätze der nebeneinander liegenden Einschnitte sind jeweils um 180° versetzt.

Die Schnitte erhalten von der Kettensäge eine für die Beimpfung optimale Breite. Mit einer Handsäge muß man für eine Impfstelle 2 Einschnitte machen; die werden entweder parallel, im Abstand von 0,8 bis 1,0 cm, ausgeführt und das dazwischenstehende Holzstück mit einem Holzmeißel herausgeschlagen oder die Einschnitte laufen in Keilform zueinander, so daß sie direkt herausfallen.

Bei den kürzeren und gleichzeitig dickeren Hölzern reichen zwei Impfstellen in der Mitte des Stammes aus. Auch hier wird das Holz, um 180° versetzt, jeweils bis zur Hälfte eingesägt, so daß die Stabilität der Hölzer erhalten bleibt.

Das Füllen der Einschnittstellen mit Brut gelingt am besten mit einem Trichter aus Kunststoff, Gummi oder gefaltetem Papier, der der Breite der Einschnitte und der Rundung der Hölzer angepaßt wird. Die Brut wird mit einem Holz in den Einschnitt gedrückt, so daß die Impfstelle gut gefüllt ist. Anschließend wird sie mit einem Folienklebeband durch mehrmaliges Umwickeln des Stammes verschlossen. Besonders geeignet sind die braunen oder grauen, zirka 5 cm breiten Verpackungsbänder. Bei besonders grobrindigen Stämmen sollte man die Klebebänder zusätzlich mit Reißbrettstiften befestigen oder antackern. Wichtig ist der dichte Verschluß, vor allem zum Schutz gegen tierische Schädlinge.

Vereinfachung der Schnittimpfmethode

Von einigen Brutlieferfirmen werden mit Pilzmyzel durchwachsene Holzscheiben (Spickscheiben) angeboten. Dadurch wird die Beimpfung wesentlich vereinfacht.

Sie werden einfach in die Schnittstelle gedrückt und mit einem Klebeband umwickelt.

Scheibenimpfmethode

Die Scheibenimpfmethode ist vor allem bei den kürzeren, bis 50 cm langen Hölzern zu empfehlen. Diese Methode hat den Vorzug, daß sie sehr schnell durchgeführt werden kann: an einer Seite des Stammes wird eine 5 cm dicke Scheibe abgesägt. Auf die frische Schnittstelle wird etwa 1 cm dick Pilzbrut aufgetragen, die vorher abgeschnittene Holzscheibe mit der frischen Schnittstelle auf die Brut gelegt und mit einem 8 bis 9 cm langen Nagel befestigt. Anschließend wird die Impfstelle wie bereits beschrieben mit einem Folienklebeband verschlossen.

Bohrlochimpfmethode
Die Bohrlochimpfmethode hat den Nachteil, daß beim Beimpfen nur ein Teil der Durchmesserfläche des Stammes getroffen wird. Da das Pilzmyzel den Stamm zuerst in Längsrichtung durchwächst, dauert die Durchwachsphase länger und die Gefahr der Fremdinfektion ist höher. (Diese Methode wendet man besonders bei Baumstümpfen an.)
Mit einem Holzbohrer (15 bis 20 mm Durchmesser) werden in den Stamm 4 bis 6 cm tiefe Löcher im Abstand von 15 bis 20 cm gebohrt. Die 12 bis 16 Löcher je Stamm werden mit Pilzbrut gefüllt und mit Erde (Ton), Flaschenkorken oder mit Folie (mit Reißbrettstiften befestigt) verschlossen.

Vereinfachung der Bohrlochimpfmethode

Ähnlich wie bei der Schnittimpfmethode kann man für die Bohrlochimpfmethode mit Pilzmyzel durchwachsene Spickstopfen beziehen.
Es werden passende Löcher gebohrt, die Stopfen mit einem Hammer hineingeschlagen und eventuell mit knetbarem Ton verschlossen.

Keilimpfmethode
Die Keilmethode eignet sich für Hobbyanbauer, die keine Kettensäge zur Hand haben. Mit einer Handsäge werden etwa 6 cm tiefe und ebenso breite Holzkeile aus den Stämmen herausgesägt, beimpft, wieder angenagelt und mit einem Verpackungsband umwickelt.

Schnittflächenimpfmethode
Frisch gesägte Schnittflächen kann man direkt mit Pilzbrut beimpfen. Es ist günstig, wenn man diese Brut mit frischem Sägemehl bestreut. Die Schnittflächenimpfung wird zum Schutz vor Austrocknung, zu starken Niederschlägen und tierischen Schädligen mit einer Folie abgedeckt.

Neben diesen 5 Impfmethoden gibt es noch viele andere Möglichkeiten, die Hölzer zu beimpfen. Egal, welche Methode angewandt wird, die wichtigsten Regeln sollten beachtet werden:
- Impfschnitt oder -loch muß frisch sein
- Impfstellen sollten möglichst den gesamten Umfang einnehmen
- Je mehr Impfstellen, desto sicherer und schneller die Kultur
- Impfstellen gut verschließen

Kultur

Durchwachsphase
Bei beimpften Hölzern sollen wegen der Gefahr der Fremdinfektion unter möglichst optimalen Bedingungen schnell und vollständig vom Myzel durchwachsen werden. Das Myzelwachstum beginnt bei zirka 5°C und ist zwischen 22 und 28°C optimal; die Luftfeuchtigkeit sollte möglichst hoch sein.
Die Hölzer werden im Schatten gestapelt und mit einer 20 bis 30 cm dicken Strohschicht abgedeckt; weitere Abdeckmaterialien sind Laub und Reisig. Einen zusätzlichen positiven Effekt bringt in Kombination mit diesen Materialien der Einsatz einer schwach gelochten Folie.
Ein weiterer, ebenfalls geeigneter Ort zum Durchwachsen der Hölzer ist eine

Erdmiete. Es wird ein Graben von ungefähr 50 cm Tiefe ausgehoben, die beimpften Hölzer hineingestellt oder -gelegt, mit einer schwach gelochten Folie und Holzbrettern bedeckt und mit der vorher ausgegrabenen Erde abgedeckt.
Weniger aufwendig ist es, die Hölzer in geeigneten Räumen zu lagern. Hierzu eignen sich besonders gut Ställe, Scheunen, Garagen, Kellerräume und im Winter vor allem Heizungsräume. Um ein Austrocknen zu verhindern, werden die Hölzer entweder in Foliensäcken eingepackt oder gestapelt und mit einer Folie abgedeckt. Die Dauer der Durchwachsphase ist von der Holzart abhängig. Der Pilz durchdringt Weichhölzer mit vielen Impfstellen und optimalen Durchwachsbedingungen in 3 bis 6, Harthölzer in 6 bis 12 Monaten. An einem durchwachsenen Stamm erkennt man an der Schnittstelle und an einigen Stellen zwischen der Rinde das weiße Pilzmyzel. Schon 4 bis 6 Wochen nach dem Impfen kann man an der Impfstelle erkennen, ob das Myzel abgestorben oder weiter in das Holz hineingewachsen ist.

Kulturstandort

Beimpfte beziehungsweise durchwachsene Holzstämme sollten im Halbschatten oder Schatten liegen; geeignet sind Plätze unter Bäumen und zwischen Sträuchern. Je windgeschützter der Standort, um so geringer ist die Austrocknung der Hölzer und später der Fruchtkörper. Zu feuchte Standorte sind meist bevorzugte Brutstätten von tierischen Pilzschädlingen.
Im Nutzgarten können die Hölzer mit Hilfskonstruktionen vor starker Sonneneinstrahlung, Niederschlägen und stärkeren Luftbewegungen geschützt werden. Ein guter Kontakt zwischen den Kulturhölzern und dem Boden bewirkt bei den meisten Pilzarten höhere Erträge.

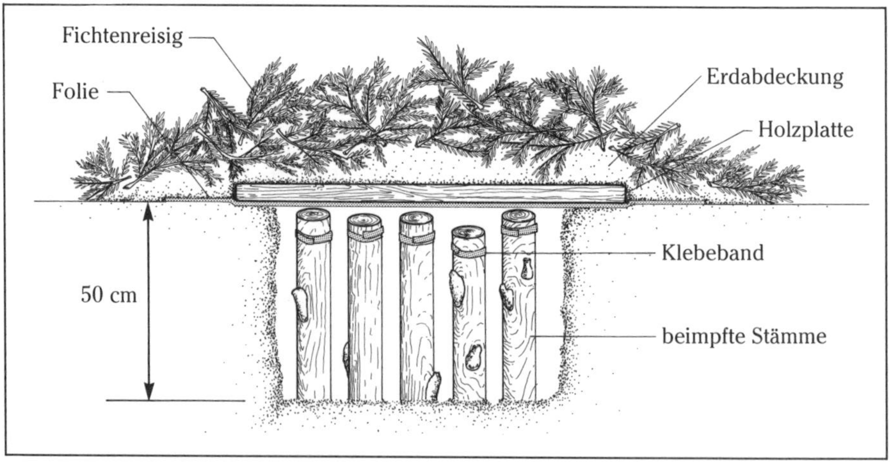

Während der Durchwachsphase können die beimpften Hölzer gut in einer Erdmiete gelagert werden. Hier sind die Hölzer vor Austrocknung und starken Temperaturschwankungen geschützt.

Das Pilzmyzel wächst in den Boden und versorgt sich dadurch zusätzlich mit Wasser und Nährstoffen, was zu größeren Fruchtkörpern und damit zu höheren Erträgen führt. Der Shiitake zeigt keinerlei Reaktion auf diesen Kontakt mit dem Boden und muß deshalb nicht eingegraben werden.

Am Kulturstandort werden kurze, dicke Hölzer 8 bis 10 cm tief und aufrecht stehend eingegraben. Damit die Fruchtkörper zur Entwicklung ausreichend Platz haben, wird zwischen den Hölzern ein Abstand von 25 cm eingehalten.

Lange, dünnere Hölzer werden liegend, etwa ⅓ des Durchmessers im Boden, verlegt. Zwischen den beimpften Hölzern kann man 3 bis 5 cm dick Rindenmulch auftragen. Die Rinde verhindert die übermäßige Ansiedlung von Wildkräutern und verbessert das Pilzwachstum; außerdem läßt sich die Anlage selbst bei starken Niederschlägen sauberen Fußes betreten.

Kultur auf Baumstümpfen (Stubben)

Im Hof-, Garten-, Feld- und Waldbereich werden öfters Bäume (besonders Obstbäume) gefällt. Die Baumstümpfe eignen sich für die Pilzkultur; außerdem werden dadurch diese unbeliebten Stümpfe beseitigt.

Die Baumstümpfe werden 3 bis 6 Monate nach dem Fällen beimpft. Das Durchwachsen wird durch das Überstülpen der Stümpfe mit einem Foliesack beschleunigt; je nach Standort sollte man auch für eine Schattierung sorgen. Die Durchwachszeit in Stubben ist länger, da das Volumen durch den großen Wurzelanteil wesentlich größer ist als bei Stämmen. Dies ergibt insgesamt eine verzögerte und längere Kulturzeit, aber auch wesentlich höhere Erträge.

Baumstümpfe werden 3 bis 6 Wochen nach dem Fällen der Bäume beimpft. Ein übergestülpter Foliensack beschleunigt das Durchwachsen. Je nach Standort ist für eine Schattierung zu sorgen.

Fruchtkörperbildung

Das Myzel, das die Hölzer durchwachsen hat, bildet am Kulturstandort bei der ihm zusagenden Temperatur und genügender Feuchtigkeit im Holz innerhalb weniger Tage die Fruchtkörper.

Die Temperatur, die die Pilze für die Fruchtkörperbildung brauchen, wird im Freien nur in bestimmten Monaten des Jahres erreicht, so daß die erste Ernte – je nach dem Zeitpunkt der Impfung – bis zu neun Monate auf sich warten läßt.

Die Fruchtkörperbildung erfolgt, wie auch auf Stroh oder Kompost, innerhalb eines Jahres in mehreren Schüben. Bei der Kultur auf Holz liegen die Pausen zwischen den einzelnen Erntewellen weiter auseinander und können mehrere Monate betragen. Solch eine längere Pause während der für die einzelnen Arten charakteristischen Erntezeit kann man unterbrechen, indem man die Hölzer 48 Stunden in einem Wasserbassin taucht; anschließend werden sie wieder am Kulturstandort aufgestellt und etwas

eingegraben. Nach diesem Bad bilden sich innerhalb weniger Tage die Fruchtkörper, und man erhält nach 2 Wochen eine reiche Pilzernte. Dieser Effekt läßt sich auch durch intensives Bewässern der Hölzer am Standort erreichen.
Eine weitere Möglichkeit, die häufig die Pilze aus dem Schlaf rüttelt, ist ein fester Schlag mit einem Hammer auf die Hölzer. Mit genügend Feuchtigkeit und geeigneten Temperaturen wachsen auch dann innerhalb von wenigen Tagen die Pilze heran. Diese Methode ist allerdings von der Wissenschaft noch nicht bestätigt worden.

Kulturmaßnahmen
Die mehrjährige Pilzkultur auf Holzstämmen wird in der warmen Jahreszeit feucht gehalten und von stark wachsenden Wildkräutern frei gehalten. Ansonsten müssen keinerlei weitere Arbeiten durchgeführt werden.

Ernte
Während der Erntezeit sollte die Anlage 2mal wöchentlich nach Pilzen abgesucht und gegebenenfalls beerntet werden. Die erntereifen Pilze werden vorsichtig nach unten abgebrochen, so daß sie vollständig entfernt werden und die Rinde der Hölzer möglichst wenig beschädigt wird. Nach mehrjähriger Kultur sind die Nährstoffreserven der Hölzer aufgebraucht; es wird morsch, und die Erträge lassen nach.
Die Kulturzeit ist abhängig von Pilz- und Holzart sowie der Größe der Hölzer; sie liegt zwischen 3 und 8 Jahren. Große Hartholzstämme haben die längste Ertragszeit.
Im Laufe der Kulturzeit wird ein Fruchtkörperertrag bis zu 30% des Holzgewichtes erreicht.

Beseitigung der ausgelaugten Hölzer
Wenn die Pilze über einen längeren für sie charakteristischen Erntezeitraum keine Fruchtkörper mehr bilden, kann die Kultur abgeräumt werden. Die Hölzer können mit einer Axt oder Säge zerkleinert und anschließend mit geringer Zugabe von organischem Stickstoff kompostiert werden.
Nach dem Trocknen kann das Holz auch als Heizmaterial verwendet werden.

Farbtafel 7

Bohrlochimpfmethode
oben links: Mit einem Holzbohrer werden 4 bis 6 cm tiefe Löcher (Durchmesser 15 bis 30 mm) in den Stamm gebohrt.
oben rechts: Die Impflöcher bringt man spiralförmig im Abstand von 15 bis 20 cm an.
unten links: Die Brut wird am besten mit einem Trichter eingefüllt. Es sind auch mit Myzel durchwachsene Spickstopfen erhältlich, die in die ihrer Größe entsprechenden Löcher mit einem Hammer hineingeschlagen werden.
unten rechts: Die Impfstellen verschließt man mit Ton, Flaschenkorken oder Folienband.

Austernseitling
Pleurotus ostreatus

(siehe: strohbewohnende Pilze)

Shiitake
Lentinus edodes

Der Shiitake ist im asiatischen Raum der am meisten angebaute Kulturpilz. Weltweit rangiert er bei der Pilzproduktion hinter dem Champignon auf Platz 2; die größten Mengen werden in Japan geerntet. Der Anbau auf Knüppelhölzern - so wird der Pilz auch heute noch überwiegend kultiviert - hat in Japan eine 1800jährige Geschichte. Heute versucht man weltweit, diesen hervorragenden Speisepilz auch intensiver, auf Holzspänen und gehäckseltem Stroh mit gewissen Zusatzstoffen, zu kultivieren. Diese Methoden sind für den Anbau zur Zeit aber noch nicht ausreichend erforscht. Es läßt sich jedoch schon jetzt erkennen, daß der Shittake auch in Europa auf Platz 2 vorrücken wird. Die Vorzüge dieses Pilzes gegenüber anderen Arten sind so erheblich, daß sich der Anbau explosionsartig ausbreiten wird.

Vorzüge des Shiitakes:
- hochwertiger Speisepilz
- gesundheitlicher Wert
- ansprechendes Aussehen
- gute Lagerfähigkeit
- vielseitige Verwertbarkeit

Ähnlich wie bei den Austernseitlingen werden auch die verschiedenen Shiitake-Sorten beziehungsweise Kulturstämme in bestimmte Gruppen eingeteilt. Sie bilden bei bestimmten Temperaturen Fruchtkörper, das heißt also in bestimmten Jahreszeiten. Die Kulturstämme werden in die folgenden vier Gruppen eingeteilt:

Kulturstamm	Fruchtkörperbildung bei
Sommerstämme	15-25°C
Winterstämme	5-15°C
Intermediärstämme (Frühjahr und Herbst)	10-20°C
Ganzjahresstämme	5-25°C

Nach dieser Einteilung werden die Shiitake-Kulturstämme beim Bruthersteller bestellt. Man kann durch die Beimpfung der Hölzer mit verschiedenen Sorten eine ganzjährige Ernte erreichen.

Heimat

Der Shiitake ist in asiatischen Ländern beheimatet. Er wächst dort auf Stubben gefällter Laubbäume und auf sonstigem, frisch abgestorbenem Holz. Durch den

---

Farbtafel 8

oben links: Während der Durchwachsphase können die Hölzer an einem schattigen Platz gelagert und mit Stroh abgedeckt werden, um eine möglichst gleichmäßige Feuchtigkeit zu erhalten. Danach werden sie am Kulturstandort aufgestellt.
oben rechts: Beimpfte Holzstämme am Kulturstandort
Mitte links: Pilzgarten an einem schattigen Standort
Mitte rechts: Austernseitlinge auf einem Buchenstamm
unten links: In Kulturräumen lassen sich Fliegen und Mücken mit Gelbtafeln fangen.
unten rechts: Trocknen von Austernseitlingen auf einem Rost

verstärkten Anbau in aller Welt wird sich der Shiitake in den nächsten Jahrzehnten auch in unseren Wäldern ausbreiten.

Steckbrief
Der Shiitake hat einen hell- bis dunkelbraunen und 5 bis 12 cm breiten Hut; bei einigen Sorten findet man darauf weißliche bis bräunliche Schuppen. Die Lamellen sind weiß oder gelblich und werden bei älteren Pilzen bräunlich. Der Stiel ist 3 bis 5 cm lang und weiß bis bräunlich; das Fleisch ist weiß und je nach Sorte beziehungsweise Klima dünn oder dick. Es hat einen unverwechselbaren, aromatischen Geschmack; daher wird der Shiitake auch häufig als Würzpilz bezeichnet. Er ist ein sehr guter Speisepilz.

Stockschwämmchen
Kuehneromyces mutabilis

Das Stockschwämmchen wird nur von wenigen Pilzliebhabern kultiviert, was auf Grund seines hervorragenden Geschmackes unverständlich ist. Einige halten das Stockschwämmchen für einen besseren Speisepilz als den Pfifferling.
Die Fruchtkörperbildung beginnt bei etwa 5° C (optimal sind 14 bis 18° C); die Erntezeit ist von April bis November und teilweise auch noch im Winter möglich.

Heimat
Das Stockschwämmchen ist in Europa einer der aktivsten und weit verbreitetsten Holzzersetzer.
Er bildet das ganze Jahr hindurch Fruchtkörper, im Winter weniger, im Sommer mehr.

Steckbrief
Der Hut des Stockschwämmchens ist 3 bis 8 cm breit, gewölbt und in älterem Zustand vollkommen aufgeschirmt. Die Hutoberfläche ist feucht und zimtbraun; bei anhaltender Trockenheit verblaßt die Farbe. Der Hutrand ist dünn gerieft und wellig; das Fleisch ist weißlich und riecht angenehm nach Pilz. Die Lamellen sind zunächst gelblich und werden später ebenfalls zimtbraun. Der 3 bis 6 cm lange Stiel entspricht der Hutfarbe. Das Stockschwämmchen wächst in Gruppen auf Baumstümpfen und wird häufig mit dem Hallimasch oder dem Schwefelkopf verwechselt.

Samtfußrübling
Flammulina velutipes

Schon zu Beginn unseres Jahrhunderts wurde der Samtfußrübling durch Bestreichen von Holz mit reifen, schleimigen Hüten im Hausgarten kultiviert; die Erträge waren recht gut. Der Samtfußrübling ist für den Pilzfreund wegen der Fruchtkörperbildung von November bis März sehr interessant, da dies eine frische Pilzernte aus dem Garten auch im Winter sichert. Die Fruchtkörper werden von den Frösten nicht geschädigt, sondern wachsen bei nachfolgenden milderen Wintertagen weiter.
In Asien, vor allem in Japan, zählt der Rübling zu den wichtigsten Kulturspeisepilzen. Er wird dort auf Nährsubstrat aus Sägemehl und Reiskleie im Verhältnis 8 : 2 in weithalsigen Kunststoffflaschen in Räumen kultiviert.

Heimat
Der Samtfußrübling ist ein in unseren Breiten heimischer Pilz. Er wächst in Gruppen auf Baumstümpfen und toten Stämmen in Laubwäldern.

Steckbrief
Der Hut des Samtfußrübling ist 3 bis 6 cm breit, anfangs nach unten gewölbt und später abgeflacht. Er ist schmierig glatt oder fein bereift, dünnfleischig und orangegelb; in der Hutmitte ist die Färbung etwas intensiver. Das Fleisch ist gelblich. Die Lamellen stehen weit auseinander und sind weiß, ocker und später rötlich. Der Stiel ist 3 bis 6 cm lang, samtig, oben gelb-rötlich und an der Basis dunkelbraun oder schwärzlich; vor der Verarbeitung wird er entfernt.

Südlicher Schüppling
Agrocybe aegerita

Der Südliche Schüppling ist seit dem Altertum als begehrter Speisepilz bekannt. Er ist in wärmeren Klimaten beheimatet und wird daher auch in größerem Maße in Südfrankreich angebaut. Bei uns findet man ihn in der Natur und im Anbau nur selten. Die Fruchtkörper werden von April bis Oktober gebildet.

Heimat
Der Südliche Schüppling kommt in seiner Wildform in Südeuropa, vor allem in Südfrankreich, auf Pappel- und Weidenholz, vereinzelt auch auf Rotbuche und Holunder, vor. Bei uns wird dieser Pilz gelegentlich in den wärmeren Weingegenden gefunden.

Steckbrief
Der Südliche Schüppling hat einen 5 bis 10 cm breiten, zuerst halbkugelig und später abgeflachten, gelblichbraunen Hut. Das feste, weiße Fruchtfleisch schmeckt äußerst aromatisch. Die sehr dichten Lamellen sind anfangs weiß und werden dann ebenfalls gelblichbraun. Der Stiel ist 3 bis 15 cm lang, gebogen und weiß oder leicht bräunlich gefärbt.

Graublättriger Schwefelkopf
Hypholoma capnoides

Dieser Pilz wird manchmal auch als Rauchblättriger Schwefelkopf bezeichnet. Während die meisten Holzbewohner Laubgehölze bevorzugen, wächst der Schwefelkopf auf Nadelhölzern, vor allem auf Fichte. Da er in der kalten Jahreszeit Fruchtkörper bildet, eignet er sich gut zur Bereicherung des Speiseplans im Winterhalbjahr.

Heimat
Der Graublättrige Schwefelkopf ist in heimischen Nadelwäldern auf Baumstümpfen oder toten Holzstämmen von August bis November, in milden Wintern sogar bis Februar zu finden.

Steckbrief
Der Name des Graublättrigen Schwefelkopfes beschreibt die Hutfarbe schon sehr genau. Der Hut hat einen Durchmesser von 5 bis 8 cm, ist anfangs kugelig und später halbkugelig, hellgelb und in der Mitte bräunlich gefärbt. Das Fleisch ist gelbweiß, riecht angenehm und ist mild im Geschmack. Die Lamellen stehen sehr dicht und sind grau-bläulich gefärbt. Der 3 bis 5 cm lange Stiel ist hohl, schlank und dunkelbraun. Der Graublättrige Schwe-

felkopf kommt von Herbst bis Frühling vorwiegend auf Fichten-, Kiefern- oder Rotbuchenstümpfen in größeren Gruppen vor.
Er ist ein bekömmlicher und wohlschmeckender Speisepilz; die Stiele werden nicht verwendet.

Judasohr
Auricularia auricula-judae

Das Judasohr wird auch Holunderschwamm oder fälschlicherweise Chinesische Morchel genannt. Liebhaber der asiatischen Küche haben diesen Pilz mit Sicherheit schon in chinesischen oder japanischen Lokalen gegessen. Er wird häufig zusammen mit Fleisch, Gemüse oder Nudeln gereicht. In Asien gilt dieser Pilz als Delikatesse. In Deutschland wurde er früher oft zu medizinischen Zwecken gesammelt; heute gibt es die Wirkstoffe dieses Pilzes gegen Thrombose beziehungsweise Arterienverkalkung als synthetisches Präparat.
In Japan und China wird das Judasohr auf einem Gemisch aus Sägemehl und Reiskleie angebaut. In Deutschland ist dieser wohlschmeckende Pilz im Anbau nur vereinzelt auf Holunderknüppeln zu finden.

Heimat
Das Judasohr ist in unseren Breiten und vor allem in Asien beheimatet. Es bildet das ganze Jahr hindurch an toten Holunderhölzern und anderen Laubgehölzen Fruchtkörper.

Steckbrief
Der Fruchtkörper ist ohr- bis muschelartig geformt und meist stiellos am Holz angewachsen. Er hat einen Durchmesser von 3 bis 8 cm, ist glatt, biegsam, fast schleimig und braun bis rötlichbraun gefärbt. Das Fleisch des Judasohres ist dünn, knorplig, gallertartig und von mildem Geschmack.

Pfifferling, Steinpilz, Trüffel

Die bekanntesten und beliebtesten Speisepilze sind Pfifferling, Steinpilz und Trüffel. Die Kulturanleitung dieser Pilze wird von vielen sehnsüchtig erwartet.
Die heutigen Kulturpilze gehören entweder zu den Parasiten (Ernährung auf Kosten lebender Pflanzen) oder zu den Saprophyten (Ernährung von totem pflanzlichem oder tierischem Material). Die oben genannten Pilze leben mit bestimmten Baumarten in einer Lebensgemeinschaft (Mykorrhiza-Symbiose). Die Hyphen (Pilzfäden) der Mykorrhiza-Pilze umschlingen die feinsten Wurzeln der Bäume und dringen in sie ein. Dabei entziehen sie dem Baum bestimmte organische Substanzen, die sie für die eigene Ernährung benötigen; dafür ist der Pilz dem Baum bei der Nährstoffaufnahme behilflich. Die mit Mykorrhiza-Pilzen befallenen Bäume haben einen kräftigeren Wuchs und sind widerstandsfähiger gegen Krankheiten.
Die vielschichtigen Zusammenhänge der Mykorrhiza-Symbiose haben die Pilzforscher schon bei vielen Pilzarten erkannt. Für die Kultur wird ein spezielles Torfsubstrat mit dem steril kultivierten Myzel beimpft, und nach dem Durchwachsen wird dieser Mykorrhiza-Torf in die Saatrillen der entsprechenden Baumarten verteilt. Der Pilz wächst dann bei optimalen Bedingungen an den Wurzeln der Sämlinge weiter. Die jungen Baumpflanzen werden nach 1 bis 2 Jahren an einem

für den Pilz geeigneten Standort aufgeforstet. Nach diesem Verfahren gezüchtete, und mit Trüffel-Mykorrhiza beimpfte Eichen- und Haselnußpflanzen können in Frankreich von einer Baumschule (Agri-Truffe) bezogen werden. Die Pflanzen benötigen als Standort ein warmes Klima und nährstoffarme, kalkreiche Böden. Die ersten Trüffel können frühestens 8 Jahre nach der Pflanzung geerntet werden. Das Beispiel der Trüffel zeigt, daß auch diese Pilzarten anbaufähig sind, der hohe Aufwand aber nicht in Relation zum Erfolg steht. Dies ist auch der Grund, daß nur in ganz seltenen Fällen in der Bundesrepublik Trüffel angebaut werden.

In Forschungsinstituten ist die künstliche Beimpfung von Fichtensämlingen mit dem Steinpilz gelungen. Für diese Vermehrung gibt es jedoch noch kein sicheres, praxisreifes Verfahren.

Für den Pfifferling sind noch keine derartigen Erfolge in Sicht; bei ihm haben die Mykologen noch einiges zu erforschen.

Ein Anbau aus betriebswirtschaftlicher Sicht ist bei diesen Mykorrhiza-Pilzen noch lange nicht erreicht – damit bleiben sie auch weiterhin selten und kostbar.

Krankheiten und Schädlinge

Chemischer Pflanzenschutz

In der Bundesrepublik haben wir im Pilzanbau so gut wie keine amtlich zugelassenen Pflanzenbehandlungsmittel zur Bekämpfung von Krankheiten und Schädlingen. Die finanziellen Vorleistungen für die amtliche Zulassung sind für die Herstellerfirmen so hoch, daß sie sich für den geringen Pilzanbau nicht lohnen. Zur Bekämpfung von Schnecken und Mäusen können im Umkreis der Pilzanlage entsprechende Giftköder ausgelegt werden.

Vorbeugende Maßnahmen zur Gesunderhaltung der Pilzkulturen

Optimaler Kulturablauf
Einen besonderen Einfluß auf den späteren Kulturerfolg hat die Kulturführung. Die Nährgrundlage sollte möglichst optimal, das heißt ohne Fremdinfektionen sein. Auch bei der Vorbereitung des Strohes beziehungsweise des Kompostes muß sorgfältig und mit der nötigen Hygiene gearbeitet werden. Die Beimpfung muß mit sauberen Händen, Gefäßen und Geräten erfolgen. Die Pilzbrut muß einwandfrei sein. Bei guter Brut ist das goldgelbe Stroh beziehungsweise die Getreidekörner und das weiße Myzel der Pilze sichtbar. Grünlich oder dunkelbraun gefärbte Brut ist wertlos; auch teilweise verfärbte Brut sollte nicht mehr zum Einsatz kommen.
Gute Kulturbedingungen und ein hoher Brutaufwand fördern die Ausbreitung des Myzels im Substrat; gut durchwachsene Substrate sind nicht mehr so anfällig gegen Fremdinfektionen.

Hygienemaßnahmen
In der direkten Umgebung der Pilzanlage sollten möglichst keine Brutstätten von Pilzschädlingen sein. Gräser und Wildkräuter zwischen den Strohballen beziehungsweise Hölzern sollten niedrig gehalten werden. Konkurrenzpilze wie unter anderem Tintlinge und Becherlinge richten zwar keinen großen Schaden an, sollten aber aus hygienischen Gründen stets entfernt werden.
Die Kulturpilze sind möglichst im Jugendstadium zu ernten, damit sich der Schädlingsbefall in Grenzen hält.
Die Fruchtkörper werden nicht abgeschnitten, sondern mit der Stielbasis abgeknickt oder weggedreht. Abgestorbene Pilze und Pilzreste müssen ebenfalls aus der Pilzanlage entfernt werden, damit die Schädlinge keine Nahrung finden. Bei jeder neuen Pilzanlage ist auch ein neuer Standort einzuplanen.
Bei einem intensiven Pilzanbau in Kulturräumen werden nach jeder Kultur die Räume vollständig ausgeräumt und mit einem geeigneten Desinfektionsmitteln gereinigt.

Schädlinge und deren biologische Bekämpfung

Pilze sind nicht nur für uns Menschen eine Delikatesse, sondern auch für sehr viele Kleinlebewesen. Diese Tiere sind unsere Konkurrenten, und wir bezeichnen sie daher als Schädlinge; einer der größten sind Schnecken. Sie können innerhalb einer Nacht die gesamten Fruchtkörper verspeißen. Gerade an den schattigen und feuchten Standorten vermehren sich die Schnecken stark. Zur Bekämpfung werden mehrere Bierfallen aufgestellt, in denen die angelockten Schnecken ertrinken. Einen weiteren Schutz bieten die im Fachhandel erhältlichen Schneckenzäune.

Eine ähnliche Schutzwirkung erzielt man, wenn um die Pilzanlage ein Gürtel aus Kalk, Steinmehl, Fichtennadeln oder feinkörnigem Sand angelegt wird. Nach jedem Regen müssen Kalk oder Steinmehl neu ausgestreut werden.

Die Schnecken werden mit einbrechender Dunkelheit aktiv; sie lassen sich dann im Licht einer Lampe mühelos einsammeln. Am Tag findet man die Schnecken unter Brettern, feuchten Säcken, großen Blättern und Kartoffelscheiben.

Auch die Maden von Fliegen und Mükken sind unerwünschte Gäste. Bei diesen Schädlingen kann man vorbeugend die Fliegen mit klebrigen Gelbtafeln (im Fachhandel erhältlich) von den Kulturen ablenken und fangen; in dunklen Kulturräumen werden Fanglampen eingesetzt. Um die Ausweitung von Schädlingen (Pilzkurzflügler, Milben und Springschwänze) zu verhindern, sollten die Fruchtkörper auf jeden Fall rechtzeitig geerntet werden.

In frisch beimpften Pilzanlagen ziehen die Getreidekörner Mäuse an. Vorbeugend sollten daher Mausefallen aufgestellt werden.

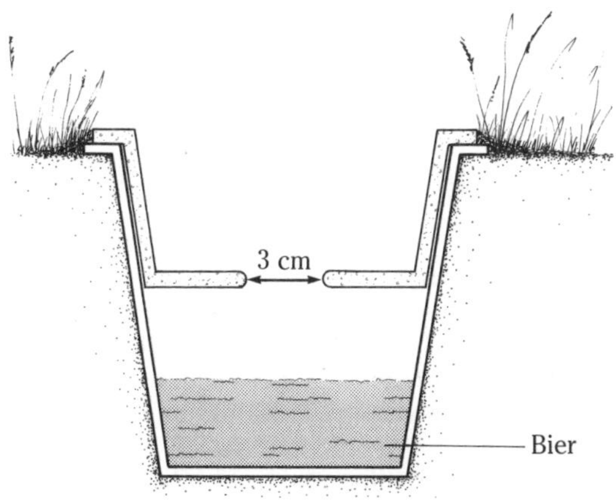

Mit Fallen können Schnecken von den Beeten ferngehalten werden. Mit Bier gefüllte Behälter werden so ausgebracht, daß der obere Rand mit der Erdoberfläche abschließt.

Pilzverwertung

Nährwert

Die Speisepilze werden in den überwiegenden Fällen wegen des guten Geschmacks in den Speiseplan aufgenommen; als vollwertiges Nahrungsmittel zur Sicherung der wichtigsten Nährstoffkomponenten werden sie unterschätzt. Dies wird besonders deutlich, wenn man den niedrigen jährlichen Pro-Kopf-Verbrauch von nur 2,5 kg sieht. Die Speisepilze gehören ähnlich wie Gemüse oder Fleisch aufgrund ihres Nährwerts auf den Speiseplan.
Pilze sind:
- eiweißreich
- kalorienarm
- reich an verschiedenen Vitaminen
- mineralstoffreich

Die Pilze haben einen hohen Gehalt an Vitamin D, B_1 und B_2. Gerade an den Vitaminen B_1 und B_2 ist der Bedarf der deutschen Bevölkerung nur unzureichend gedeckt. Infolge ihres hohen Kalium- und niedrigen Natriumgehaltes sind frische Pilze (nicht Konserven) für die salzarme Ernährung geeignet.

Kurzzeitige Aufbewahrung

Frische Pilze lassen sich mehrere Tage im Kühlschrank oder in einem kühlen Keller aufbewahren; die optimale Lagertemperatur beträgt 2 bis 4° C.
Sie kommen ungewaschen und möglichst locker geschichtet in eine Schale und werden mit einem feuchten Küchentuch abgedeckt.

Lagerungszeit im Kühlschrank

Pilzart	Lagerzeit in Tagen
Schopftintling (etwas größere, noch geschlossene Fruchtkörper	1
Champignon (weiße Sorten) Schopftintling (kleine Fruchtkörper)	3–4
Träuschling Brauner Egerling Ritterling Judasohr	4–6
Austernseitling Shiitake Stockschwämmchen Samtfußrübling Schüppling Schwefelkopf	7

Haltbarmachung

Tiefgefrieren
Die schonendste Lagerung mit den geringsten Verlusten an Nähr- und Aromastoffen ist das Tiefgefrieren. Selbst die bezüglich der Konsistenz empfindlichsten Pilzarten können eingefroren werden.
Vor dem Einfrieren werden die Pilze unter fließendem Wasser gewaschen,

mit einem Tuch trockengetupft, nach Belieben geschnitten und portioniert abgepackt.
Zur Zubereitung werden die gefrorenen Pilze direkt in den heißen Speisen erhitzt oder bei schwacher Hitze in Fett oder Flüssigkeit aufgetaut. Zum Tiefgefrieren eignen sich ebenfalls blanchierte (3 Minuten überbrühte) und zu Gerichten verarbeitete Pilze.
Die Haltbarkeit im Tiefkühlschrank beträgt mindestens 3 Monate.

Trocknen
Das Trocknen ist die älteste Methode zur Haltbarmachung von Nahrungsmitteln. Einige Pilzarten (Shiitake, Stockschwämmchen, Graublättriger Schwefelkopf und Judasohr) entwickeln dadurch ein ausgeprägteres Aroma und eignen sich zum Würzen von vielen Gerichten; grundsätzlich sind aber alle Pilzarten hierfür geeignet. Zum Trocknen werden nur einwandfreie Fruchtkörper verwendet. Sie werden nicht gewaschen, sondern nur mit einem trockenen Küchentuch gesäubert; große Pilze schneidet man in dünne Scheiben. Auf einem feinmaschigen Rost oder einem Tuch werden sie möglichst dünn ausgebreitet, an einem luftigen, trockenen und dunklen Ort langsam getrocknet (beim schnellen Trocknen im Backofen verlieren die Pilze mehr Nähr- und Aromastoffe) und dann in einem Glas luftdicht an einem dunklen Ort aufbewahrt (Lagerzeit: zirka 1 Jahr).
Trockenpilze werden vor der Zubereitung ½ Stunde in warmem Wasser eingeweicht; das Einweichwasser wird beim Kochen mitverwendet.

Pilzpulver
Aus den getrockneten Pilzen läßt sich mit einem Mörser oder einer Mühle Pilzpulver herstellen.
Bei einigen Pilzarten wird der zähe Stiel nicht mitverwertet; er kann auf die beschriebene Weise zu Pilzpulver verarbeitet werden, das als Streuwürze oder zur Zubereitung von Suppen dient.

Einlegen
Pilze in Essig einzulegen ist eine Möglichkeit der Konservierung. Sie sind eine pikante Leckerei für kalte Büfetts oder als Mixed Pickles zum abendlichen Knabbergebäck.
Auch in Öl kann man Pilze konservieren. Sie werden ohne weitere Zubereitung als Beilage zu kalten Aufschnittplatten gereicht.
(Rezepte auf Seite 59)

Kochvorbereitung

Nur verschmutzte Pilze werden direkt vor dem Zubereiten unter fließendem Wasser gewaschen, mit einem Küchentuch oder -papier leicht abgetupft und in die für das Gericht notwendige Größe geschnitten. Madengänge und Fraßstellen schneidet man weg.
Schon dunkel gefärbte Lamellen von älteren Pilzen sollte man entfernen, damit sich das Essen nicht unansehnlich verfärbt.
Pilze mit Faul- beziehungsweise Schimmelstellen werden aussortiert.

Verwertbarer Pilzteil für die Zubereitung

Pilzart	verwertbarer Teil	nicht verwertbarer Teil
Rotbrauner Riesenträuschling	Hut und Stiel	Stielbasis Lamellen bei älteren Pilzen
Austernseitling	Hut und oberen Teil vom Stiel	unterer Teil vom Stiel
Champignon	Hut und Stiel	verschmutzte Stielbasis
Schopftintling	Hut und Stiel (nur junge Fruchtkörper)	verschmutzte Stielbasis
Violetter Rötelritterling	Hut und Stiel	verschmutzte Stielbasis
Shiitake	Hut und den oberen Teil vom Stiel	unterer Teil des Stiels
Stockschwämmchen	Hut	Stiel
Samtfußrübling	Hut	Stiel
Südlicher Schüppling	Hut	Stiel
Graublättriger Schwefelkopf	Hut	Stiel
Judasohr	Hut und Stiel	Stielbasis

Pilzrezepte

Das große Plus der eigenen Pilzzucht ist die Frische der Pilze und die daraus resultierenden Vorzüge:
- höchster Genußwert
- höchster Nährwert
- wenig Wasch- und Putzaufwand

Aus den genannten Gründen werden Pilze vorrangig frisch zubereitet. Lagern oder Haltbarmachen sollte man Pilze nur, wenn man besonders hohe Erträge hat. Die Pilze kann man roh, gegrillt, fritiert, gebraten, gebacken, überbacken, geschmort, gedünstet, gedämpft und gekocht zu Vorspeisen, Hauptgerichten, Beilagen und Soßen verarbeiten.
Für die Erhaltung des Pilzgeschmacks ist es wichtig, daß die Pilzgerichte nur schwach gewürzt und kurz angebraten werden.
Alle nachfolgenden Gerichte sind, wenn nicht anders vermerkt, für 4 Personen berechnet.

Pilze in Essig

Zutaten:

½ l Essig
½ l Wasser
2 Lorbeerblätter
reichlich Senfkörner
einige Pfefferkörner
einige Pimentkörner
Dillblüten, 1 Zweig Estragon
Salz, Zucker
Pilze
kleine Schalotten oder Zwiebeln

Zubereitung:
Essig, Wasser, Gewürze, Salz und Zucker einmal aufkochen und dann abkühlen lassen. Die Mischung in ein 2-l-Gefäß (Weckglas) füllen.
Kleine, mundgerechte Pilze und kleine Schalotten oder Zwiebeln in kräftig gesalzenem Wasser 2 bis 3 Minuten blanchieren, abkühlen lassen und in den Essigtopf füllen. Dieser Vorgang kann so oft wiederholt werden, wie kleine Pilze zur Verfügung stehen. In gleicher Weise blanchierte Blumenkohlröschen, Maiskölbchen oder kleine Gurken hinzufügen. Die Flüssigkeit muß stets den Inhalt bedecken. Der Essigtopf wird an einem kühlen, dunklen Ort aufbewahrt.

Pilze in Öl

Zutaten:

1 kg Pilze
½ l Essig (mild)
¾ l Olivenöl
¼ TL Salz
4 Lorbeerblätter
2 Knoblauchzehen
2 Rosmarinzweige

Zubereitung:
Pilze, Essig, Olivenöl, Salz, Lorbeer, Knoblauch und Rosmarin mit offenem Deckel etwa 10 Minuten kochen und abkühlen lassen. Alles in einen Steintopf geben, mit Flüssigkeit bedecken und verschließen.

Pilzcremesuppe aus Schopftintlingen

Zutaten:

1 Zwiebel
100 g Butter
1 EL Mehl
1½ l Fleischbrühe
100 g vorbereitete Schopftintlinge
frisch gemahlener Pfeffer
Salz
2 EL Crème fraîche
2 EL fein gehackte Petersilie
Weißbrot
geriebener Emmentaler

Zubereitung:

Die fein gehackte Zwiebel in Butter glasig dünsten. Mit Mehl bestäuben, etwas anbräunen lassen und die Fleischbrühe angießen. Das Ganze aufkochen lassen.
Die fein gehackten Pilze zugeben und 5 Minuten kochen. Die Suppe durch ein Sieb streichen und nochmals erhitzen.
Mit Pfeffer und wenig Salz würzen und die Crème fraîche und die feingehackte Petersilie vorsichtig unterrühren.
In einer Suppenterrine lagenweise fein geschnittene Weißbrotscheiben auslegen und jede Schicht mit frisch geriebenem Emmentaler bestreuen. Die Suppe in die Terrine füllen, einige Minuten bei geschlossenem Deckel ziehen lassen und servieren.

Fernöstliche Pilzsuppe

Zutaten:

3 Shiitakepilze
1 Handvoll Judasohren
1 kleine Stange Lauch
1 Möhre
25 g Glasnudeln
1 eingelegte scharfe Peperoni
¾ l Hühnerbrühe
½ TL Glutamat
2 TL Sojasoße
etwas Zucker
2 TL Sesamöl
Salz

Zubereitung:

Von den Shiitakepilzen die Stiele entfernen und die Hüte achteln, die Judasohren in dünne Streifen schneiden.
Den Lauch in feine Streifen und die Möhre in feine Scheiben schneiden.
Die Glasnudeln nach Packungsanweisung zubereiten, abschütten und zur Seite stellen.
Die Peperoni entkernen und in dünne Streifen schneiden.
Die Brühe zum Kochen bringen und nacheinander die Möhren, den Lauch und die Pilze dazugeben und etwa 5 Minuten kochen lassen.
Die Peperoni, die Gewürze, das Öl und die Glasnudeln hinzufügen und kurz aufkochen lassen. Eventuell mit Salz abschmecken.

Pilzsalat nach Apicius

Zutaten:

500 g Pilze
(verschiedene festfleischige Arten)
1 TL Honig
Pfeffer
eine überreichliche Handvoll
gemischter Kräuter
(Bärlauch, Minze, Basilikum, Dill,
Petersilie, Liebstöckel, Weinraute und
Fenchel)
Olivenöl
Sardellenpaste
Worcestersoße
0,2 l trockener Riesling

Zubereitung:

Die vorbereiteten, geschnittenen Pilze mit dem Honig, reichlich gemahlenem Pfeffer und den feingewiegten Kräutern 15 Minuten in etwas Olivenöl bei kleiner Flamme schmoren.

Die Pilze aus dem entstandenen Sud herausnehmen und abkühlen lassen.

Den Pilzsud auf die gewünschte Menge reduzieren. Mit Sardellenpaste, Worcestersoße und dem Wein eine Marinade bereiten. Über die Pilze geben und den Salat gut durchkühlen lassen.

Champignonsalat

Zutaten:

150 bis 200 g vorbereitete Champignons
200 g Möhren
1 dünne Stange Lauch
30 g Schalotten
6 EL Öl
3 EL Obstessig
eventuell 1 EL Sherry
Kräutersalz
frisch gemahlener Pfeffer
1 Knoblauchzehe
etwas Brunnenkresse

Zubereitung:

Die Champignons blättrig schneiden.

Die Möhren waschen, putzen und grob raspeln. Den geputzten Lauch in feine Ringe, die geschälten Schalotten in feine Würfel schneiden.

Aus dem Öl, dem Essig und dem Sherry eine Marinade rühren, die Schalottenwürfel untermengen und alles mit Kräutersalz, Pfeffer und der geschälten, zerdrückten Knoblauchzehe würzen.

Die Soße über die Pilze und das vorbereitete Gemüse geben, alles behutsam vermengen und auf den gewaschenen Brunnenkresseblättern anrichten.

Überbackene Pilzpfanne

Zutaten:

200 g vorbereitete Mischpilze
nach Geschmack
2 EL Butter
1 TL Curry
1 Knoblauchzehe
4 Eier
3 EL Wasser
Salz
frisch geriebene Muskatnuß
100 g milden Schnittkäse
2 EL feingeschnittener Schnittlauch
½ Salatgurke
2 Tomaten

Zubereitung:

Die Pilze gegebenenfalls in kleine Stücke schneiden.

Die Butter in einer Pfanne zerlassen und die Pilze darin anbraten. Mit Curry und der geschälten, zerdrückten Knoblauchzehe würzen und etwa 5 Minuten schmoren lassen.

Die Eier mit dem Wasser, dem Salz und der Muskatnuß verquirlen, über die Pilze gießen.

Den Käse in kleine Scheiben schneiden und darauf verteilen. Zugedeckt bei kleiner Hitze etwa 10 Minuten stocken lassen.

Die Pilzpfanne mit dem Schnittlauch bestreuen und mit Gurken- und Tomatenscheiben garniert servieren.

Shiitake in Krabbensoße

Zutaten (für 2 Personen):

2 EL geschmacksneutrales Öl
15 Shiitakepilze
1 Knoblauchzehe
1 kleines Stück frische Ingwerwurzel
1½ Tassen Wasser
1 EL Sake oder trockener Sherry
Salz
100–150 g Krabbenfleisch
1 TL Sojasoße
1 TL Sesamöl
1 EL Stärkemehl

Zubereitung:

In einer Pfanne das Öl erhitzen, die klein geschnittenen Pilze, die in feinste Scheibchen geschnittene Knoblauchzehe und Ingwerwurzel vorsichtig andünsten. 1½ Tassen Wasser sowie den Sake dazugeben, salzen und köcheln lassen, bis die ganze Flüssigkeit verdunstet ist. Gleichzeitig in einer Kasserolle die Krabben einer Tasse Wasser, der Sojasoße und dem Sesamöl 1 Minute kochen.

Das Stärkemehl mit 2 Eßlöffel Wasser anrühren, in die Soße geben und diese kochen lassen, bis sie dick und transparent ist. Die Pilze werden auf einer Platte angerichtet und mit der Krabbensoße übergossen.

Gefüllte Schinkenrollen

Zutaten:
400 g vorbereitete Pilze
(nach Jahreszeit)
100 g Butter
Salz
frisch gemahlener Pfeffer
8 dünne Scheiben Schinken
1 Zwiebel
1 EL Tomatenmark
0,2 l saure Sahne
50 g geriebener Käse

Zubereitung:
Die fein gehackten Pilze in 50 g Butter braten und vorsichtig mit Salz und Pfeffer würzen. Auf jede Schinkenscheibe einen Teil des Pilzhacks geben, einrollen und die Röllchen in einer feuerfesten Form nebeneinander legen.
In dem Pilzsud zunächst die fein gehackte Zwiebel dünsten, dann das Tomatenmark, die verbliebene Butter und die Sahne unterrühren. Die Mischung mit Salz und Pfeffer würzen und über die Schinkenrollen verteilen.
Mit geriebenem Käse bestreuen und im Ofen überbacken.

Pilzpfanne

Zutaten:
500 g vorbereitete Mischpilze
125 g durchwachsener,
geräucherter Speck
2 Zwiebeln
125 g saure Sahne
Salz
frisch gemahlener Pfeffer
Petersilie

Zubereitung:
Die vorbereiteten Mischpilze in Stücke schneiden. Den Speck würfeln, auslassen und die in Ringe geschnittene Zwiebel darin andünsten. Die Pilze zufügen und etwa 5 Minuten mitdünsten. Die saure Sahne unterrühren, mit Salz und Pfeffer abschmecken und mit fein gehackter Petersilie bestreut servieren.

Chinapfanne Fernost

Zutaten:
350 g Chinakohl
10 Shiitake
125 g Bambussprossen
1 rote Paprikaschote
50 g Mungbohnenkeime
6 EL Öl
6 EL Sojasoße
1 EL Honig
6 EL Reiswein oder Sherry
Saft von 1 Orange
100 g Tofu (Sojabohnenquark)
75 g Mandeln

Zubereitung:
Kohl in feine Streifen schneiden und mit den Pilzen, den in Scheiben geschnittenen Bambussprossen, der geputzten, in Würfel geschnittenen Paprikaschote und den Mungbohnenkeimen in Öl leicht andünsten.
Sojasoße mit Honig, Reiswein oder Sherry und Orangensaft verrühren, in die Pfanne gießen und den in Würfel geschnittenen Tofu unterheben.
Alles bei starker Hitze etwa 10 Minuten köcheln lassen.
Mit fein gehackten Mandeln bestreut servieren.

Kalbsgeschnetzeltes mit Shiitake

Zutaten:

- 250 g vorbereitete Shiitake
- 60 g Butter
- 500 g Kalbsschnitzel
- 1 EL Sojasoße
- Salz
- frisch gemahlener Pfeffer
- 125 g saure Sahne oder Crème fraîche
- Petersilie

Zubereitung:
Die in Streifen geschnittenen Pilze in der Hälfte der Butter anbraten. Die fein gehackte Zwiebel zugeben und unter Rühren 5 Minuten dünsten. Die Pilze aus der Pfanne nehmen.
Die restliche Butter in die Pfanne geben und das in dünne Streifen geschnittene Kalbfleisch darin anbraten. Mit Sojasoße, Salz und Pfeffer würzen und die Pilze zugeben. Die saure Sahne oder Crème fraîche unterrühren und das Kalbsgeschnetzelte mit fein gehackter Petersilie bestreut servieren.

Pilze im Bierteig

Zutaten:

- 500 g vorbereitete Pilze (Pilzhüte bis 4 cm Durchmesser)
- 2 Eier
- 4 EL Mehl
- Salz
- 1 Tasse Bier
- Fett oder Öl zum Ausbacken

Zubereitung:
Aus den Eiern, Mehl, Salz und Bier einen dickflüssigen Teig rühren.
Die Pilze kurz in den Bierteig eintauchen und in heißem Fett in einer Friteuse goldgelb ausbacken.
Pilze im Bierteig können Sie als Vorspeise oder als Beilage zu vielerlei Gerichten mit pikanten Soßen servieren.

Kräuterchampignons

Zutaten:

- 500 g vorbereitete Champignons
- 30 g Butter
- Petersilie
- Oregano
- andere Kräuter nach Belieben
- 1 Knoblauchzehe
- Salz
- frisch gemahlener Pfeffer
- 1–2 EL Semmelbrösel
- Öl

Zubereitung:
Die Stiele aus den Champignonhüten lösen und die Stiele fein hacken. In der heißen Butter kurz anbraten. Dann die fein gehackten Kräuter und die zerdrückte Knoblauchzehe hinzufügen und mit Salz und Pfeffer würzen.
Die Pfanne oder den Topf von der Flamme nehmen und so viele Semmelbrösel untermischen, daß eine lockere Masse entsteht.
Eine Auflaufform mit Öl ausstreichen, die Champignonköpfe mit der Masse füllen und in die Form legen, mit einem kleinen Butterflöckchen belegen oder mit ein wenig Öl beträufeln. Im vorgeheizten Backofen bei 180° C 10–15 Minuten überbacken.

Huhn in Sahne mit Pilzen

Zutaten:

1 Brathuhn
Salz
frisch gemahlener Pfeffer
1 TL Pilzpulver (zum Beispiel Judasohr)
1 EL gehackter Estragon
Butter
½ Schalotte
1 Zwiebel
800 g Rötelritterlinge
Paprika
300 g Crème fraîche

Zubereitung:

Das Huhn salzen, von innen zusätzlich mit Pfeffer, dem Pilzpulver und ½ Eßlöffel Estragon würzen, zustecken und in einer entsprechenden Pfanne in der Butter von allen Seiten anbraten. Das Huhn in eine hohe, feuerfeste Keramik- oder Glasform geben, im vorgeheizten Backofen ohne Deckel unter häufigem Begießen und Wenden etwa 30 Minuten braten und anschließend warm stellen.
Den Bratenfond in die Pfanne zurückgeben. Den restlichen Estragon, die feingewiegte Schalotte und die gehackte Zwiebel darin andünsten, die grob zerteilten Pilze mit Salz und Pfeffer würzen und etwa 5 Minuten braten.
Das Huhn und die Pilze in die feuerfeste Form zurückgeben, wenn gewünscht, mit mildem Paprika abschmecken und die Crème fraîche hinzufügen. Nochmals im Backofen offen etwa 25 Minuten schmoren.

Flambierte Samtfußrüblinge

Zutaten:

600 g vorbereitete Samtfußrüblingshüte
Butter
Salz
frisch gemahlener Pfeffer
Paprika
0,2 l trockener Weißwein
2 cl Calvados
2 EL Crème fraîche

Zubereitung:

Die grob geschnittenen Pilzhüte in Butter anbraten. Mit Salz, Pfeffer und Paprika abschmecken, den Wein hinzufügen und einkochen lassen. Dann mit dem Calvados begießen, flambieren und die Crème fraîche unterziehen.
Dieses Pilzragout eignet sich besonders gut als Füllung für Pastetchen, Croûtons und Omeletts. Statt der Samtfußrüblinge können Sie auch andere Pilze verwenden.

Geschmorte Kalbsschulter mit Austernseitlingen

Zutaten:

3 EL Haselnußöl
3 EL Butter
1½ kg Kalbsschulter ohne Knochen
1 kg Austernseitlinge
2 EL trockener Weißwein
6 EL Fleischbrühe
1 Kräutersträußchen aus Petersilie, Sellerieblättern, Estragon und Basilikum
Salz
frisch gemahlener Pfeffer
8 geriebene Haselnüsse
7 EL Crème fraîche

Zubereitung:

In einem großen Bräter das Öl und die Butter heiß werden lassen und darin unter ständigem Wenden das in grobe Stücke zerteilte Kalbfleisch bräunen.
Die in feine Scheiben geschnittenen Seitlinge, den Wein, die Fleischbrühe und das Kräuterbund hinzufügen, mit Salz und Pfeffer würzen und zugedeckt etwa 2 Stunden köcheln lassen.
Dann das Kräutersträußchen herausnehmen, die geriebenen Haselnüsse dazugeben und eine weitere ½ Stunde leise kochen. Je nach dem Wassergehalt der verwendeten Pilze dabei den Sud auf die gewünschte Konsistenz reduzieren.
Kurz vor dem Servieren die Crème fraîche unterziehen.

Stockschwämmchen in Johannisbeersoße

Zutaten:

300 g vorbereitete Stockschwämmchenhüte
3 EL Butter
Salz
frisch gemahlener Pfeffer
Paprika
Zitronensaft
100 g Johannisbeergelee
0,1 l Wasser
3 TL Senf

Zubereitung:

Die Pilze sehr fein hacken und in einer Pfanne in 1 Eßlöffel Butter braten. Mit Salz und Pfeffer, dem Paprika und dem Zitronensaft kräftig würzen.
In einer zweiten Pfanne 2 Eßlöffel Butter zergehen lassen. Das Gelee, das Wasser und den Senf dazugeben, unter Rühren zum Kochen bringen und die Soße auf die gewünschte Konsistenz reduzieren.
Die Pilze hinzufügen, aufkochen lassen und eventuell nachwürzen.
Diese Soße paßt am besten zu Wildgerichten.

Glossar

Autolyse: Abbau von Eiweißstoffen (siehe Schopftintling)

Beimpfen (Spicken): Vorgang, bei dem die Pilzbrut in das Nährsubstrat gebracht wird

Deckerde: Das Auftragen von Deckerde bei stroh- und kompostbewohnenden Pilzen schützt das Substrat vor dem Austrocknen und dient gleichzeitig als Wasserspeicher

Durchwachsphase: Zeitraum zwischen Beimpfen und Sichtbarwerden des Pilzgeflechtes an der Oberfläche des Substrates

Fermentation: Umwandlung des Substrates durch Bakterien zur Eignung für die Pilzkultur

–, anaerobe: Fermentation unter Luftabschluß

Fruchtkörper: Organ, das die fortpflanzungsfähigen Sporen trägt; im allgemeinen wird es als Pilz bezeichnet

Fruktifikation: Ausbildung von Fruchtkörpern

Hyphe: Pilzfaden; aus Hyphen setzt sich das Myzel, der eigentliche Pilzkörper, zusammen

Mykorrhiza: Lebensgemeinschaft zwischen Pilzen und den Wurzeln von Blütenpflanzen

Myzel: Gesamtheit aller Pilzfäden (Hyphen); eigentlicher Pilz

Nährsubstrat: Substanz, die dem Pilz als Standort und als Nahrungsgrundlage dient

Pilzbrut: mit Pilzmyzel durchwachsene Getreidekörner, gehäckseltes Stroh oder Sägemehl für die Beimpfung des Nährsubstrates (vegetative Vermehrung)

Spicken: siehe Beimpfen

Symbiose: Zusammenleben verschiedener Pflanzenarten zu deren gegenseitigem Nutzen

Vermehrung, geschlechtlich (generativ): die geschlechtliche Vermehrung geschieht durch Sporen (entspricht dem Samen der Blütenpflanzen), die an der Unterseite des Fruchtkörpers gebildet werden

–, ungeschlechtlich (vegetativ): durch Teilen des Myzels oder Entnahme von Gewebeteilen aus dem Fruchtkörper können wieder vollständige Pflanzen herangezogen werden

Bezugsquellenverzeichnis

Pilzbrut

Burbacher Pilzfarm Blau-Kreuz-Heim-Straße 5909 Burbach-Holzhausen Tel.: 0 27 36/34 42	alle Kulturpilzarten
Hauser Champignonbrut GmbH Talweg 2 6477 Limeshain-Rommelhausen Tel.: 0 60 47/3 47 (nur große Abnahmemengen)	Champignon Austernseitling
Hawlik Euro-Pilzbrut GmbH – Les Miz + Royal Champignon 8021 Großdingharting Tel.: 0 81 70/6 51	alle Kulturpilzarten (auch Spickscheiben und -stopfen)
Eberhard Hullen OHG Postfach 13 31 3360 Osterrode/Harz – Beierfelde Tel.: 0 55 22/27 54	alle Kulturpilzarten
Malzfabrik Schneidhausen Abt. Pilzbrut Postfach 582 5160 Düren Tel.: 0 24 22/73 84	alle Kulturpilzarten
E. Mangelsdorf – Italspawn Postfach 10 16 53 4350 Recklinghausen Tel.: 0 23 61/2 52 36 u. 2 38 90	alle Kulturpilzarten
Mykofarm Abt. Pilz & Garten Wildschwanbrook 95a 2000 Hamburg 73 Tel.: 0 41 54/62 88	alle Kulturpilzarten

W. Neudorff GmbH KG
Postfach 12 09
3254 Emmerthal 1

alle Kulturpilzarten (auch Spickscheiben und -stopfen)

Schwarzwälder Pilzlabor
Inselweg 4
7746 Hornberg
Tel.: 0 78 33/63 00

alle Kulturpilzarten

Zwaan & Co.
Samenzucht GmbH
Postfach 21 80
4190 Kleve
Tel.: 0 28 21/90 11

alle Kulturpilzarten

Agri - Truffe
Domaine de Lalanne
Saint Maixant
F–33490 Saint Macaire

mit Trüffeln beimpfte Eichen- und Haselnußsämlinge

Somycel Belgien AG
Visé Steenweg 277
B–3788 Zichen Zussen Bolder
Tel.: 00 32 12/45 29 81

Champignon
Austernseitling

Austernseitling-Substrat

Agrar-Pilzzucht Langförden GmbH
2848 Vechta 2
Tel.: 0 44 47/15 15 u. 2 30

Förster-Pilze
8729 Knetzgau-Westheim
Tel.: 0 95 27/15 72

Albert Habermann
Im Grund 24
6470 Büdingen-Aulendiebach
Tel.: 0 60 42/17 66

E. Ph. Blaak
Scheemderzwaag 4
NL–9679 TM Scheemda
Tel.: 00 31-59 79/33 14

Gebr. Nooyen B.V.I.O.
Lagerburgweg 16
NL–5759 PK Helenaveen
Tel.: 00 31-49 33/4 95 und 4 89

Csepeli Duna Mgtsz
Exportbüro Rákóczy F. v. 277
H–1214 Budapest
Tel.: 0 03 61/5 84-7 81

Champignon-Substrat

Champignonkulturen GmbH
Rommelhausen
F. Schmaus
Talweg 4
6477 Limeshain-Rommelhausen
Tel.: 0 60 47/3 47

Nettetaler Champignonzentrale
H. und W. Goertz
Berg 17a
4054 Nettetal-Breyell
Tel.: 0 21 53/7 19 03

Gebr. Nooyen B.V.I.O.
Lagerburgweg 16
NL-5759 PK Helenaveen
Tel.: 00 31-49 33/4 95 und 4 89

Tom Hol Champignonkulturen
Greffelingsestraat 51
NL-6626 AP Alphen
Tel.: 00 31-88 76/15 02

Fertigsubstrate sind noch von vielen weiteren erwerbsmäßigen Pilzanbauern, Brutlieferanten und Gartenbedarfsgeschäften zu beziehen.

Gelbtafeln

Aeroxon Schädlingsbekämpfungs-
mittel GmbH
Postfach 1480
7050 Waiblingen

Blauetikett-Bornträger GmbH
6251 Offstein/Worms

Celamerck GmbH & Co. KG
6507 Ingelheim

W. Neudorff
Postfach 1209
3254 Emmerthal

Temmen GmbH
6234 Hattersheim 2

Vliese

Euflor GmbH
Postfach 20 03 25
8000 München 19

Polydress-Plastik
6120 Michelstadt

Register

Halbfette Seitenzahlen verweisen auf Abbildungen

Stand Sommer 1987

Gesamt-Programm

Essen und Trinken

Köstliche Suppen
für jede Tages- und Jahreszeit. (5122) Von E. Fuhrmann, 64 S., 38 Farbfotos, 2 Zeichnungen, Pappband. ●●

Was koche ich heute?
Neue Rezepte für Fix-Gerichte. (0608) Von A. Badelt-Vogt, 112 S., 16 Farbtafeln, kart. ●

Kochen für 1 Person
Rationell wirtschaften, abwechslungsreich und schmackhaft zubereiten. (0586) Von M. Nicolin, 136 S., 8 Farbtafeln, 23 Zeichnungen, kart. ●

Schnell und individuell
Die raffinierte Single-Küche
(4266) Von F. Faist, 160 S., 151 Farbfotos, Pappband. ●●●

Gesunde Kost aus dem Römertopf
(0442) Von J. Kramer, 128 S., 8 Farbtafeln, 13 Zeichnungen, kart. ●

Nudelgerichte
– lecker, locker, leicht zu kochen. (0466) Von C. Stephan, 80 S., 8 Farbtafeln, kart. ●

Lieblingsrezepte
Phantasievoll zubereitet und originell dekoriert. (4234) Hrsg. P. Diller. 160 S., 120 Farbfotos, 34 Zeichnungen, Pappband. ●●●

Die besten Eintöpfe und Aufläufe
Das Beste aus den Kochtöpfen der Welt (5079) Von A. und G. Eckert, 64 S., 50 Farbfotos, Pappband. ●●

FALKEN-FEINSCHMECKER
Herzhaftes für Leib und Seele
Eintöpfe
(0820) Von P. Klein, 48 S., 30 Farbfotos, Pappband. ●

Schnell und gut gekocht
Die tollsten Rezepte für den Schnellkochtopf. (0265) Von J. Ley, 96 S., 8 Farbtafeln, kart. ●

Kochen und backen im Heißluftherd
Vorteile, Gebrauchsanleitung, Rezepte. (0516) Von K. Kölner, 72 S., 8 Farbtafeln, kart. ●

Das neue Mikrowellen-Kochbuch
(0434) Von H. Neu, 64 S., 4 Farbtafeln, 16 s/w Zeichnungen, kart. ●

Ganz und gar mit Mikrowellen
(4094) Von T. Peters, 208 S., 24 Farbfotos, 12 Zeichnungen, kart. ●●●

FALKEN-FEINSCHMECKER
Schnell auf den Tisch gezaubert
Kochen mit Mikrowellen
(0818) Von A. Danner, 64 S., 52 Farbfotos, Pappband. ●

Marmeladen, Gelees und Konfitüren
Köstlich wie zu Omas Zeiten – einfach selbstgemacht. (0720) Von M. Gutta, 32 S., 23 Farbfotos, 1 Zeichnung, Pappband. ●

Einkochen
nach allen Regeln der Kunst. (0405) Von B. Müller, 128 S., 8 Farbtafeln, kart. ●

Einkochen, Einlegen, Einfrieren
(4055) Von B. Müller, 27 s/w.-Abb., kart. ●●

FALKEN-FEINSCHMECKER
Goldbraun und knusprig
Fritierte Leckerbissen
(0868) Von F. Faist, 64 S., 47 Farbfotos, Pappband. ●

Das neue Fritieren
geruchlos, schmackhaft und gesund. (0365) Von P. Kühne, 96 S., 8 Farbtafeln, kart. ●

FALKEN-FEINSCHMECKER
Die Krönung der feinen Küche
Saucen
(0817) Von G. Cavestri, 48 S., 40 Farbfotos, Pappband. ●

Wildgerichte
einfach bis raffiniert. (5115) Von M. Gutta, 64 S., 43 Farbfotos, Pappband. ●●

FALKEN-FEINSCHMECKER
Von Tatar und falschen Hasen
Hackfleisch
(0866) Von A. und G. Eckert, 64 S., 42 Farbfotos, Pappband. ●

Mehr Freude und Erfolg beim **Grillen**
(4141) Von A. Berliner, 160 S., 147 Farbfotos, 10 farbige Zeichnungen, Pappband. ●●●

Grillen
Fleisch · Fisch · Beilagen · Soßen. (5001) Von E. Fuhrmann, 64 S., 38 Farbfotos, Pappband. ●●

Chinesisch kochen
Schmackhafte Rezepte für die abwechslungsreiche Küche. (5011) Von A. und G. Eckert, 64 S., 57 Farbfotos, Pappband. ●●

Chinesisch kochen
mit dem Wok-Topf und dem Mongolen-Topf. (0557) Von C. Korn, 64 S., 8 Farbtafeln, kart. ●

Schlemmerreise durch die
Chinesische Küche
(4184) Von Kuo Huey Jen, 160 S., 117 Farbfotos, Pappband. ●●●

Nordische Küche
Speisen und Getränke von der Küste. (5082) Von J. Kürtz, 64 S., 44 Farbfotos, Pappband. ●●

Deutsche Küche
Schmackhafte Gerichte von der Nordsee bis zu den Alpen. (5025) Von E. Fuhrmann, 64 S., 52 Farbfotos, Pappband. ●●

Essen in Hessen
Spezialitäten zwischen Schwalm und Odenwald
(0837) Von R. Witt, 120 S., 10 s/w-Zeichnungen, Pappband. ●●

Französisch kochen
Eine kulinarische Reise durch Frankreich. (5016) Von M. Gutta, 64 S., 35 Farbfotos, Pappband. ●●

Französische Küche
(0685) Von M. Gutta, 96 S., 16 Farbtafeln, kart. ●

Französische Spezialitäten aus dem Backofen
Herzhafte Tartes und Quiches mit Fleisch, Fisch, Gemüse und Käse
(5146) Von P. Klein, 64 S., 43 Farbfotos, Pappband. ●●

FALKEN-FEINSCHMECKER
Aus lauter Lust und Liebe
Knoblauch
(0867) Von L. Reinirkens, 64 S., 45 Farbfotos, Pappband. ●

Kochen und würzen mit **Knoblauch**
(0725) Von A. und G. Eckert, 96 S., 8 Farbtafeln, kart. ●

Schlemmerreise durch die
Italienische Küche
(4172) Von V. Pifferi. 160 S., 109 Farbfotos, Pappband. ●●●

Pizza, Pasta und die feine italienische Küche
(4270) Von R. Rudatis, 120 S., 255 Farbfotos, Pappband. ●●

Italienische Küche
Ein kulinarischer Streifzug mit regionalen Spezialitäten. (5026) Von M. Gutta, 64 S., 35 Farbfotos, Pappband. ●●

Köstliche Pizzas, Toasts, Pasteten
Schmackhafte Gerichte schnell zubereitet. (5081) Von A. und G. Eckert, 64 S., 46 Farbfotos, Pappband. ●●

FALKEN-FEINSCHMECKER
Schlemmen wie bei Mamma Maria
Pizzas
(0815) Von F. Faist, 64 S., 62 Farbfotos, Pappband. ●

Köstliche Pilzgerichte
Tips und Rezepte für die häufigsten Pilzgattungen. (5133) Von V. Spicker-Noack, M. Knoop, 64 S., 52 Farbfotos, Pappband. ●●

Köstliche Fondues
mit Fleisch, Geflügel, Fisch, Käse, Gemüse und Süßem. (5006) Von E. Fuhrmann, 64 S., 50 Farbfotos, Pappband. ●●

Fondues
und fritierte Leckerbissen. (0471) Von S. Stein, 96 S., 8 Farbtafeln, kart. ●

Fondues · Raclettes · Flambiertes
(4081) Von R. Peiler und M.-L. Schult, 136 S., 15 Farbtafeln, 28 Zeichnungen, kart. ●●

Neue, raffinierte Rezepte mit dem Raclette-Grill
(0558) Von L. Helger, 56 S., 8 Farbtafeln, kart. ●

Die hier vorgestellten Bücher, Videokassetten und Software sind in folgende Preisgruppen unterteilt:

● Preisgruppe bis DM 10,–/S 79,–
●● Preisgruppe über DM 10,– bis DM 20,– S 80,– bis S 160,–
●●● Preisgruppe über DM 20,– bis DM 30,– S 161,– bis S 240,–
●●●● Preisgruppe über DM 30,– bis DM 50,– S 241,– bis S 400,–
●●●●● Preisgruppe über DM 50,–/S 401,–
*(unverbindliche Preisempfehlung)

FALKEN VERLAG

Rezepte rund um Raclette und Hobby-Rechaud
(0420) Von J. W. Hochscheid, 72 S., 8 Farbtafeln, kart. ●

Fondues und Raclettes
(4253) Von F. Faist, 160 S., 125 Farbfotos, Pappband. ●●●

Kochen und würzen mit
Paprika
(0792) Von A. und G. Eckert, 88 S., 8 Farbtafeln, kart. ●

Kleine Kalte Küche
für Alltag und Feste. (5097) Von A. und G. Eckert, 64 S., 45 Farbfotos, Pappband. ●●

Kalte Platten – Kalte Büfetts
rustikal bis raffiniert. (5015) Von M. Gutta, 64 S., 34 Farbfotos, Pappband. ●●

Kalte Happen und Partysnacks
Canapés, Sandwiches, Pastetchen, Salate und Suppen. (5029) Von D. Peters, 64 S., 44 Farbfotos, Pappband. ●●

Garnieren und Verzieren
(4236) Von R. Biller, 160 S., 329 Farbfotos, 57 Zeichnungen, Pappband. ●●●

Desserts
Puddings, Joghurts, Fruchtsalate, Eis, Gebäck, Getränke. (5020) Von M. Gutta, 64 S., 41 Farbfotos, Pappband. ●●

FALKEN-FEINSCHMECKER
Süße Geheimnisse eiskalt gelüftet
Eis und Sorbets
(0870) Von H. W. Liebheit, 48 S., 38 Farbfotos, Pappband. ●

Crêpes, Omeletts und Soufflés
Pikante und süße Spezialitäten. (5131) Von J. Rosenkranz, 64 S., 45 Farbfotos, Pappband. ●●

Kuchen und Torten
Die besten und beliebtesten Rezepte. (5067) Von M. Sauerborn, 64 S., 79 Farbfotos, Pappband. ●●

Tortenträume und Kuchenfantasien
Gebackene Köstlichkeiten originell dekoriert und verziert
(0823) Von F. Faist, 80 S., 150 Farbfotos, kart. ●●

Schönes Hobby Backen
Erprobte Rezepte mit modernen Backformen. (0451) Von E. Blome, 96 S., 8 Farbtafeln, kart. ●

Backen, was allen schmeckt
Kuchen, Torten, Gebäck und Brot. (4166) Von E. Blome, 556 S., 40 Farbtafeln, Pappband. ●●●

Meine Vollkornbackstube
Brot · Kuchen · Aufläufe. (0616) Von R. Raffelt, 96 S., 4 Farbtafeln, 12 Zeichnungen, kart. ●

FALKEN-FEINSCHMECKER
Mit Körnern, Zimt und Mandelkern
Vollkorngebäck
(0816) Von M. Bustorf-Hirsch, 48 S., 39 Farbfotos, Pappband. ●

Biologisch Backen
Neue Rezeptideen für Kuchen, Brote, Kleingebäck aus vollem Korn. (4174) Von M. Bustorf-Hirsch, 136 S., 15 Farbtafeln, 47 Zeichnungen, kart. ●●

Selbst Brotbacken
Über 50 erprobte Rezepte. (0370) Von J. Schiermann, 80 S., 6 Zeichnungen, 4 Farbtafeln, kart. ●

Mehr Freude und Erfolg beim
Brotbacken
(4148) Von A. und G. Eckert, 160 S., 177 Farbfotos, Pappband. ●●●

Brotspezialitäten
knusprig backen – herzhaft kochen. (5088) Von J. W. Hochscheid und L. Helger, 64 S., 48 Farbfotos, Pappband. ●●

Weihnachtsbäckerei
Köstliche Plätzchen, Stollen, Honigkuchen und Festtagstorten. (0682) Von M. Sauerborn, 32 S., 36 Farbfotos, Pappband. ●

Waffeln
süß und pikant. (0522) Von C. Stephan, 64 S., 8 Farbtafeln, kart. ●

Kochen für Diabetiker
Gesund und schmackhaft für die ganze Familie. (4132) Von M. Toeller, W. Schumacher, A. C. Groote, 224 S., 109 Farbfotos, 94 Zeichnungen, Pappband. ●●●

Neue Rezepte für Diabetiker-Diät
Vollwertig – abwechslungsreich – kalorienarm. (0418) Von M. Oehlrich, 120 S., 8 Farbtafeln, kart. ●

Wer schlank ist, lebt gesünder
Tips und Rezepte zum Schlankwerden und -bleiben. (0562) Von R. Mainer, 80 S., 8 Farbtafeln, kart. ●

SLIM
Der neue, individuelle Schlankheitsplan (4277) Von Prof. Dr. E. Menden, W. Aign, 120 S., 440 Farbfotos, Pappband. ●●●

Kalorien – Joule
Eiweiß · Fett · Kohlenhydrate tabellarisch nach gebräuchlichen Mengen. (0374) Von M. Bormio, 88 S., kart. ●

Alles mit Joghurt
tagfrisch selbstgemacht. Mit vielen Rezepten. (0382) Von G. Volz, 88 S., 8 Farbtafeln, kart. ●

Gesund leben – schlank werden mit der
Bio-Kur
(0657) Von S. Winter, 144 S., 4 Farbtafeln, kart. ●

FALKEN-FEINSCHMECKER
Raffiniert und gesund würzen
Kräuterküche
(0869) Von A. Görgens, 48 S.,43 Farbfotos, Pappband. ●

Miekes Kräuter- und Gewürzkochbuch
(0323) Von I. Persy und K. Mieke, 96 S., 8 Farbtafeln, kart. ●

Delikate Salate
für alle Gelegenheiten rund ums Jahr. (5002) Von E. Fuhrmann, 64 S., 50 Farbfotos, Pappband. ●●

Das köstliche knackige Schlemmervergnügen.
Salate
(4165) Von V. Müller, 160 S., 80 Farbfotos, Pappband. ●●●

111 köstliche Salate
Erprobte Rezepte mit Pfiff. (0222) Von C. Schönherr, 96 S., 8 Farbtafeln, 30 Zeichnungen, kart. ●

FALKEN-FEINSCHMECKER
Köstlich frisch auf den Tisch
Rohkostsalate
(0865) Von C. Adam, 48 S., 26 Farbfotos, Pappband. ●

Rohkost
Schmackhafte Gerichte für die gesunde Ernährung. (5044) Von I. Gabriel, 64 S., 53 Farbfotos, Pappband. ●●

Joghurt, Quark, Käse und Butter
Schmackhaftes aus Milch hausgemacht. (0739) Von M. Bustorf-Hirsch, 32 S., 59 Farbabb., Pappband. ●

Die abwechslungsreiche Vollwertküche
Vitaminreich und naturbelassen kochen und backen. (4229) Von M. Bustorf-Hirsch, K. Siegel, 280 S., 31 Farbtafeln, 78 Zeichungen, Pappband. ●●●●

Meine Vollkornküche
Herzhaftes von echtem Schrot und Korn (0858) Von S. Walz, 128 S., 8 Farbtafel, kart. ●

Alternativ essen
Die gesunde Sojaküche.
(0553) Von U. Kolster, 112 S., 8 Farbtafeln, kart. ●

Kochen mit Tofu
Die gesunde Alternative. (0894) Von U. Kolster, 80 S., 8 Farbtafeln, kart. ●

Das Reformhaus-Kochbuch
Gesunde Ernährung mit hochwertigen Naturprodukten. (4180) Von A. und G. Eckert, 160 S. 15 Farbtafeln, Pappband. ●●●

Gesund kochen mit Keimen und Sprossen
(0794) Von M. Bustorf-Hirsch, 104 S., 8 Farbtafeln, 13 s/w-Zeichnungen, kart. ●

Die feine Vegetarische Küche
(4235) Von F. Faist, 160 S., 191 Farbfotos, Pappband. ●●●

Biologische Ernährung
für eine natürliche und gesunde Lebensweise. (4125) Von G. Leibold, 136 S., 15 Farbtafeln, 47 Zeichnungen, kart. ●●

Gesunde Ernährung für mein Kind
(0776) Von M. Bustorf-Hirsch, 96 S., 8 Farbtafeln, 5 s/w Zeichnungen, kart. ●

Vitaminreich und naturbelassen
Biologisch Kochen
(4162) Von M. Bustorf-Hirsch und K. Siegel, 144 S., 15 Farbtafeln, 31 Zeichnungen, kart. ●●

Gesund kochen
wasserarm · fettfrei · aromatisch. (4060) Von M. Gutta, 240 S., 16 Farbtafeln, Pappband. ●●●

Kräuter- und Heilpflanzen-Kochbuch
für eine gesunde Lebensweise. (4066) Von P. Pervenche, 143 S., 15 Farbtafeln. kart. ●●

Pralinen und Konfekt
Kleine Köstlichkeiten selbstgemacht. (0731) Von H. Engelke, 32 S., 57 Farbfotos, Pappband. ●

FALKEN-FEINSCHMECKER
Zart schmelzende Versuchungen
Schokolade
(0819) Von J. Schroer, 48 S., 53 Farbfotos, Pappband. ●

Die hier vorgestellten Bücher, Videokassetten und Software sind in folgende Preisgruppen unterteilt:

● Preisgruppe bis DM 10,–/S 79,–
●● Preisgruppe über DM 10,– bis DM 20,– S 80,– bis S 160,–
●●● Preisgruppe über DM 20,– bis DM 30,– S 161,– bis S 240,–
●●●● Preisgruppe über DM 30,– bis DM 50,– S 241,– bis S 400,–
●●●●● Preisgruppe über DM 50,–/S 401,–
*(unverbindliche Preisempfehlung)

FALKEN VERLAG

Die Preise entsprechen dem Status beim Druck dieses

Köstlichkeiten für Gäste und Feste
Kalte Platten
(4200) Von I. Pfliegner, 160 S., 130 Farbfotos, Pappband. ●●●

Kochen für Gäste
Köstliche Menüs mit Liebe zubereitet. (5149) Von R. Wesseler, 64 S., 40 Farbfotos, Pappband. ●●

Das richtige Frühstück
Gesunde Vollwertkost vitaminreich und naturbelassen.
(0784) Von C. Kratzel und R. Böll, 32 S., 28 Farbfotos, Pappband. ●

Bocuse à la carte
Französisch kochen mit dem Meister. (4237) Von P. Bocuse, 88 S., 218 Farbfotos, Pappband. ●●

Kochschule mit Paul Bocuse
(6016/VHS, 6017/Video 2000, 6018/Beta), 60 Min. in Farbe. ●●●●●*

Natursammlers Kochbuch
Wildfrüchte und Gemüse, Pilze, Kräuter – finden und zubereiten. (4040) Von C. M. Kerler, 140 S., 12 Farbtafeln, kart. ●●

Cocktails
(4267) Von W. R. Hoffmann, W. Hubert, U. Lottring, 160 S., 164 Farbfotos, 1 s/w-Foto, Pappband. ●●●

Neue Cocktails und Drinks
mit und ohne Alkohol. (0517) Von S. Späth, 128 S., 4 Farbtafeln, kart., ●

Mixgetränke
mit und ohne Alkohol (5017) Von C. Arius, 64 S., 35 Farbfotos, Pappband. ●●

Cocktails und Mixereien
für häusliche Feste und Feiern. (0075) Von J. Walker, 96 S., 4 Farbtafeln, kart. ●

Die besten Punsche, Grogs und Bowlen
(0575) Von F. Dingden, 64 S., 2 Farbtafeln, kart. ●

Weine und Säfte, Liköre und Sekt
selbstgemacht. (0702) Von P. Arauner, 232 S., 76 Abb., kart. ●●

Mitbringsel aus meiner Küche
selbst gemacht und liebevoll verpackt. (0668) Von C. Schönherr, 32 S., 30 Farbfotos, Pappband. ●

Weinlexikon
Wissenswertes über die Weine der Welt. (4149) Von U. Keller, 228 S., 6 Farbtafeln, 395 s/w-Fotos, Pappband. ●●●

Heißgeliebter Tee
Sorten, Rezepte und Geschichten. (4114) Von C. Maronde, 153 S., 16 Farbtafeln, 93 Zeichnungen, Pappband. ●●●

Tee für Genießer.
Sorten · Riten · Rezepte. (0356) Von M. Nicolin, 64 S., 4 Farbtafeln, kart. ●

Tee
Herkunft · Mischungen · Rezepte. (0515) Von S. Ruske, 96 S., 4 Farbtafeln, 16 s/w Abbildungen, Pappband. ●

Kinder lernen spielend backen
(5110) Von M. Gutta, 64 S., 45 Farbfotos, Pappband. ●●

Kinder lernen spielend kochen
Lieblingsgerichte mit viel Spaß selbst zubereitet. (5096) Von M. Gutta, 64 S., 45 Farbfotos, Pappband, ●●

Komm, koch mit mir
Kunterbuntes Kochvergnügen für Kinder. (4285) Von S. und H. Theilig, Illustrationen von B. v. Hayek, 96 S., 48 Farbfotos, 350 Farb- und 1 s/w-Zeichnung, Pappband. ●●

Hobby

Aquarellmalerei
als Kunst und Hobby.
(4147) Von H. Haack und B. Wersche, 136 S., 62 Farbfotos, 119 Zeichnungen, gebunden ●●●●

Aquarellmalerei
Materialien · Techniken · Motive.
(5099) Von T. Hinz, 64 S., 79 Farbfotos, Pappband. ●●

Hobby Aquarellmalen
Landschaft und Stilleben
(0876) Von I. Schade, A. Brück, 80 S., 111 Farbabbildungen, kart. ●●

Videokassette
Hobby Aquarellmalen
Landschaft und Stilleben (6022/VHS) ca. 40 Min., in Farbe, ●●●●*

Aquarellmalerei leicht gelernt
Materialien · Techniken · Motive.
(0787) Von T. Hinz, R. Braun, B. Zeidler, 32 S., 38 Farbfotos, 1 Zeichnung. ●

Hobby Ölmalerei
Landschaft und Stilleben
(0875) Von H. Kämper, I. Becker, 80 S., 93 Farbabb., kart. ●●

Videokassette
Hobby Ölmalerei
Landschaft und Stilleben (6025/VHS) ca. 40 Min., in Farbe, ●●●●*

Falken-Handbuch
Zeichnen und Malen
(4167) Von B. Bagnall, 336 S., 1154 Farbabb., Pappband. ●●●●●

Naive Malerei
Materialien · Motive · Techniken
(5083) Von F. Krettek, 64 S., 76 Farbfotos, Pappband. ●●

Bauernmalerei
als Kunst und Hobby. (4057) Von A. Gast und H. Stegmüller, 128 S., 239 Farbfotos, 26 Riß-Zeichnungen, Pappband. ●●●●

Hobby Bauernmalerei
(0436) Von S. Ramos und J. Roszak, 80 S., 116 Farbfotos und 28 Motivvorlagen, kart. ●●

Bauernmalerei
Kreatives Hobby nach alter Volkskunst (5039) Von S. Ramos, 64 S., 85 Farbfotos, Pappband. ●●

Glasmalerei
als Kunst und Hobby. (4088) Von F. Krettek und S. Beeh-Lustenberger, 132 S., 182 Farbfotos, 38 Motivvorlagen, Pappband. ●●●●

Naive Hinterglasmalerei
Materialien · Techniken · Bildvorlagen (5145) Von F. Krettek, 64 S., 87 Farbfotos, 6 Zeichnungen, Pappband. ●●

Kalligraphie
Die Kunst des schönen Schreibens
(4263) Von C. Hartmann, 120 S., 44 Farbvorlagen, 29 s/w-Vorlagen, 2 s/w-Zeichnungen, 38 Farbfotos, Pappband. ●●●●

Seidenmalerei als Kunst und Hobby
(4264) Von S. Hahn, 136 S., 256 Farbfotos, 1 s/w-Foto, 34 Farbzeichnungen, Pappband. ●●●●

Kunstvolle Seidenmalerei
Mit zauberhaften Ideen zum Nachgestalten. (0783) Von I. Demharter, 32 S., 56 Farbfotos, Pappband. ●

Zauberhafte Seidenmalerei
Materialien · Techniken · Gestaltungsvorschläge. (0664) Von E. Dorn, 32 S., 62 Farbfotos, Pappband. ●

Hobby Seidenmalerei
(0611) Von R. Henge, 88 S., 106 Farbfotos, 28 Zeichnungen, kart. ●●

Hobby Stoffdruck und Stoffmalerei
(0555) Von A. Ursin, 80 S., 68 Farbfotos, 68 Zeichnungen, kart. ●●

Stoffmalerei und Stoffdruck
Materialien · Techniken · Ideen · Modelle (5074) Von H. Gehring, 64 S., 110 Farbfotos, Pappband. ●●

Batik
leicht gemacht. Materialien · Färbetechniken · Gestaltungsideen. (5112) Von A. Gast, 64 S., 105 Farbfotos, Pappband. ●●

Textilfärben
Färben so einfach wie Waschen. (0693) Von W. Siegrist, P. Schärli, 32 S., 47 Farbfotos, 3 Zeichnungen, Spiralbindung. ●

Kreatives Bilderweben
Materialien – Vorlagen – Motive
(0814) Von A. Schulte-Huxel, 32 S., 58 Farbfotos, 8 Zeichnungen, Pappband. ●

Flechten
mit Bast, Stroh und Peddigrohr. (5098) Von H. Hangleiter, 64 S., 47 Farbfotos, 76 Zeichnungen, Pappband. ●●

Makramee
Knüpfarbeiten leicht gemacht. (5075) Von B. Pröttel, 64 S., 95 Farbfotos, Pappband. ●●

Falken-Handbuch
Häkeln
ABC der Häkeltechniken und Häkelmuster in ausführlichen Schritt-für-Schritt-Bildfolgen.
(4194) Von H. Fuchs, M. Natter, 288 S., 597 Farbfotos, 476 farbige Zeichnungen. Pappband. ●●●●

Häkeln
Schritt für Schritt für Rechts- und Linkshänder. (5134) Von H. Klaus, 64 S., 120 Farbfotos, 144 Zeichnungen, Pappband. ●●

Klöppeln
Schritt für Schritt leicht gelernt. (0788) Von U. Seiffer, 32 S., 42 Farb-, 1 s/w-Foto, 25 Zeichnungen, mit Klöppelbriefen, Pappband. ●

Sticken
Schritt für Schritt für Rechts- und Linkshänder. (5135) Von U. Werner, 64 S., 196 Farbfotos, 96 Zeichnungen, Pappband. ●●

Die hier vorgestellten Bücher, Videokassetten und Software sind in folgende Preisgruppen unterteilt:

● Preisgruppe bis DM 10,–/S 79,–
●● Preisgruppe über DM 10,– bis DM 20,– S 80,– bis S 160,–
●●● Preisgruppe über DM 20,– bis DM 30,– S 161,– bis S 240,–
●●●● Preisgruppe über DM 30,– bis DM 50,– S 241,– bis S 400,–
●●●●● Preisgruppe über DM 50,–/S 401,–
*(unverbindliche Preisempfehlung)

Monogrammstickerei
Mit Vorlagen für Initialen, Vignetten und Ornamente. (5148) Von H. Fuchs, 64 S., 50 Farbfotos, 50 Zeichnungen, Pappband. ●●

Falken-Handbuch
Stricken
ABC der Stricktechniken und Strickmuster in ausführlichen Schritt-für-Schritt-Bildfolgen. (4137) Von M. Natter, 312 S., 106 Farb- und 922 s/w-Fotos, 318 Zeichnungen, Pappband. ●●●●

Bestrickend schöne Ideen
Pullover, Westen, Ensembles, Jacken
(4178) Von R. Weber, 208 S., 220 Farbfotos, 358 Zeichnungen, Pappband. ●●●

Chic in Strick
Neue Pullover
Westen · Jacken · Kleider · Ensembles. (4224) Hrsg. R. Weber, 192 S., 25 Farbabb., Pappband. ●●●

Das moderne Standardwerk von der Expertin
Perfekt Stricken
Mit Sonderteil Häkeln
(4250) Von H. Jaacks, 256 S., 703 Farbfotos, 169 Farb- und 121 s/w-Zeichnungen, Pappband. ●●●

Videokassette Stricken
(6007/VHS, 6008/Video 2000, 6009/Beta). Von P. Krolikowski-Habicht, H. Jaacks, 51 Min., in Farbe. ●●●●*

Stricken
Schritt für Schritt für Rechts- und Linkshänder. (5142) Von S. Oelwein-Schefczik, 64 S., 148 Farbfotos, 173 Zeichnungen, Pappband. ●●

Die schönsten Handarbeiten zum Verschenken
(4225) Von B. Wenzelburger, 128 S., 156 Farbfotos, 70 2-farbige Zeichnungen, Pappband. ●●●●

Kuscheltiere stricken und häkeln
Arbeitsanleitungen und Modelle. (0734) Von B. Wehrle, 32 S., 60 Farbfotos, 28 Zeichnungen, Spiralbindung. ●

Hobby Patchwork und Quilten
(0768) Von B. Staub-Wachsmuth, 80 S., 108 Farbabb., 43 Zeichnungen, kart. ●●

Hobby Spitzencollagen
Bezaubernde Motive aus edlem Material. (0847) Von H. Westphal, 80 S., 186 Farbfotos, kart. ●●

Textiles Gestalten
Weben, Knüpfen, Batiken, Sticken, Objekte und Strukturen. (5123) Von J. Fricke, 136 S., 67 Farb- und 189 s/w-Fotos, 15 Zeichnungen, kart. ●●

Gestalten mit Glasperlen
fädeln · sticken · weben (0640) Von A. Köhler, 32 S., 55 Farbfotos, Spiralbindung. ●

Schmuck, Accessoires und Dekoratives
aus Fimo modelliert
(0873) Von A. Aurich, 32 S., 54 Farbfotos, Pappband. ●

Neue zauberhafte Salzteig-Ideen
(0719) Von I. Kiskalt, 80 S., 320 Farbfotos, 12 Zeichnungen, kart. ●●

Hobby Salzteig
(0662) Von I. Kiskalt, 80 S., 150 Farbfotos, 5 Zeichnungen, Schablonen, kart. ●●

Gestalten mit Salzteig
formen · bemalen · lackieren. (0613) Von W.-U. Cropp, 32 S., 56 Farbfotos, 17 Zeichnungen, Pappband. ●

Originell und dekorativ
Salzteig mit Naturmaterialien
(0833) Von A. und H. Wegener, 80 S., 166 Farbfotos, kart. ●●

Buntbemalte Kunstwerke aus Salzteig
Figuren, Landschaften und Wandbilder. (5141) Von G. Belli, 64 S., 165 Farbfotos, 1 Zeichnung, Pappband. ●●

Kreatives Gestalten mit Salzteig
Originelle Motive für Fortgeschrittene. (0769) Hrsg. I. Kiskalt, 80 S., 168 Farbfotos, kart. ●●

Videokassette Salzteig
(6010/VHS, 6011/Video 2000, (6012/Beta) Von I. Kiskalt, Dr. A. Teuchert, in Farbe, ca. 35 Min. ●●●●●*

Tiffany-Spiegel selbermachen
Materialien · Arbeitsanleitung · Vorlagen. (0761) Von R. Thomas, 32 S., 53 Farbfotos, Pappband. ●

Tiffany-Schmuck selbermachen
Materialien · Arbeitsanleitungen · Modelle (0871) Von B. Poludniak, H. W. Scheib, 32 S., 54 Farbfotos, 3 Zeichnungen, Pappband. ●

Tiffany-Lampen selbermachen
Arbeitsanleitung · Materialien · Modelle. (0684) Von I. Spliethoff, 32 S., 60 Farbfotos, Pappband. ●

Hobby Glaskunst in Tiffany-Technik
(0781) Von N. Köppel, 80 S., 194 Farbfotos, 6 s/w-Abb., kart., ●●

Origami –
Die Kunst des Papierfaltens. (0280) Von R. Harbin, 160 S., 633 Zeichnungen, kart. ●

Hobby Origami
Papierfalten für groß und klein. (0756) Von Z. Aytüre-Scheele, 88 S., über 800 Farbfotos, kart. ●●

Neue zauberhafte Origami-Ideen
Papierfalten für groß und klein. (0805) Von Z. Aytüre-Scheele, 80 S., 720 Farbfotos, kart. ●●

Weihnachtsbasteleien
(0667) Von M. Kühnle und S. Beck, 32 S., 56 Farbfotos, 6 Zeichnungen, Pappband. ●

Bastelspaß mit der Laubsäge
Mit Schnittmusterbogen für viele Modelle in Originalgröße. (0741) Von L. Giesche, M. Bausch, 32 S., 61 Farbfotos, 7 Zeichnungen, Schnittmusterbogen, Pappband. ●

Falken-Heimwerker-Praxis
Tapezieren
(0743) Von W. Nitschke, 112 S., 186 Farbfotos, 9 Zeichnungen, kart. ●●

Falken-Heimwerker-Praxis
Anstreichen und Lackieren
(0771) Von P. Müller, 120 S., 186 Farbfotos, 2 s/w Fotos, 3 Zeichnungen, kart. ●●

Falken-Heimwerker-Praxis
Fahrrad-Reparaturen
(0796) Von R. van der Plas, 112 S., 140 Farbfotos, 113 farbige Zeichnungen, kart. ●●

Falken-Handbuch
Heimwerken
Reparieren und Selbermachen in Haus und Wohnung – über 1100 Farbfotos. Praktische Tips vom Profi: Selbermachen, Reparieren, Renovieren, Kostensparen. (4117) Von Th. Pochert, 440 S., 1103 Farbfotos. 100 ein- und zweifarbige Abb., Pappband. ●●●●

Restaurieren von Möbeln
Stilkunde, Materialien, Techniken, Arbeitsanleitungen in Bildfolgen. (4120) Von E. Schnaus-Lorey, 152 S., 37 Farbfotos, 75 s/w Fotos, 352 Zeichnungen, Pappband. ●●●●

Möbel aufarbeiten, reparieren und pflegen
(0386) Von E. Schnaus-Lorey, 96 S., 28 Fotos, 101 Zeichnungen, kart., ●

Vogelhäuschen, Nistkästen, Vogeltränken mit Plänen und Anleitungen zum Selbstbau. (0695) Von J. Zech, 32 S., 42 Farbfotos, 5 Zeichnungen, Pappband. ●

Strohschmuck selbstgebastelt
Sterne, Figuren und andere Dekorationen (0740) Von E. Rombach, 32 S., 60 Farbfotos, 17 Zeichnungen, Pappband. ●

Das Herbarium
Pflanzen sammeln, bestimmen und pressen. (5113) Von I. Gabriel, 96 S., 140 Farbfotos, Pappband. ●●

Gestalten mit Naturmaterialien
Zweige, Kerne, Federn, Muscheln und anderes. (5128) Von I. Krohn, 64 S., 101 Farbfotos, 11 farbige Zeichnungen, Pappband. ●●

Blütenbilder aus Blumen und Blätter
Phantasievolle Naturcollagen. (0872) Von G. Schamp, 32 S., 57 Farbfotos, 1 Zeichnung, Pappband. ●

Dauergestecke
mit Zweigen, Trocken- und Schnittblumen. (5121) Von G. Vocke, 64 S., 57 Farbfotos, Pappband. ●●

Ikebana
Einführung in die japanische Kunst des Blumensteckens. (0548) Von G. Vocke, 152 S., 47 Farbfotos, kart. ●●

Blumengestecke im Ikebanastil
(5041) Von G. Vocke, 64 S., 37 Farbfotos, viele Zeichnungen, Pappband. ●●

Hobby Trockenblumen
Gewürzsträuße, Gestecke, Kränze, Buketts. (0643) Von R. Strobel-Schulze, 88 S., 170 Farbfotos, kart. ●●

Hobby Gewürzsträuße
und zauberhafte Gebinde nach Salzburger Art. (0726) Von A. Ott, 80 S., 101 Farbfotos, 51 farbige Zeichnungen, kart. ●●

Trockenblumen und Gewürzsträuße
(5084) Von G. Vocke, 64 S., 63 Farbfotos, Pappband. ●●

Arbeiten mit Ton
Töpfern mit und ohne Scheibe. (5048) Von J. Fricke, 128 S., 15 Farbtafeln, 166 s/w-Fotos, kart. ●●

Töpfern
als Kunst und Hobby. (4073) Von J. Fricke, 132 S., 37 Farbfotos, 222 s/w-Fotos, Pappband. ●●●●

Die hier vorgestellten Bücher, Videokassetten und Software sind in folgende Preisgruppen unterteilt:

● Preisgruppe bis DM 10,–/S 79,–
●● Preisgruppe über DM 10,– bis DM 20,– S 80,– bis S 160,–
●●● Preisgruppe über DM 20,– bis DM 30,– S 161,– bis S 240,–
●●●● Preisgruppe über DM 30,– bis DM 50,– S 241,– bis S 400,–
●●●●● Preisgruppe über DM 50,–/S 401,–
*(unverbindliche Preisempfehlung)

FALKEN VERLAG

Die Preise entsprechen dem Status beim Druck dieses

Schöne Sachen modellieren
Originelles aus Cernit – ideenreich gestaltet. (0762) Von G. Thelen, 32 S., 105 Farbfotos, Pappband. ●

Porzellanpuppen
Zauberhafte alte Puppen selbst nachbilden. (5138) Von C. A. und D. Stanton, 64 S., 58 Farbfotos, 22 Zeichnungen, Pappband. ●●

Zauberhafte alte Puppen
Sammeln · Restaurieren · Nachbilden (4255) Von C. A. Stanton, J. Jacobs, 120 S., 157 Farbfotos, 24 Zeichnungen, Pappband. ●●●●

Marionetten
entwerfen · gestalten · führen (5118) Von A. Krause und A. Bayer, 64 S., 83 Farbfotos, 2 s/w-Fotos, 40 Zeichnungen, Pappband. ●●

Stoffpuppen
Liebenswerte Modelle selbermachen. (5150) Von I. Wolff, 56 S., 115 Farbfotos, 15 Zeichnungen, mit Schnittmusterbogen, Pappband. ●●

Hobby Puppen
Bezaubernde Modelle selbst gestalten. (0742) Von B. Wenzelburger, 88 S., 163 Farbfotos, 41 Zeichnungen, 11 Schnittmuster, kart. ●●

Puppen und Figuren aus Kunstporzellan
gießen, bemalen und gestalten. (0735) Von G. Baumgarten, 32 S., 86 Farbfotos, Pappband. ●

Selbstgestrickte Puppen
Materialien und Arbeitsanleitungen. (0638) Von B. Wehrle, 32 S., 23 Farbfotos, 24 Zeichnungen, Pappband. ●

Dekorative Rupfenpuppen
Arbeitsanleitungen und Gestaltungsvorschläge. (0733) Von B. Wenzelburger, 32 S., 57 Farbfotos, 14 Zeichnungen, Spiralbindung. ●

Phantasiepuppen stricken und häkeln
Märchenhafte Modelle mit Arbeitsanleitungen. (0813) Von B. Wehrle, 32 S., 26 Farbfotos, 30 einfarbige und 16 dreifarbige Zeichnungen, Pappband. ●

Schritt für Schritt zum Scherenschnitt
Materialien · Techniken · Gestaltungsvorschläge. (0732) Von H. Klingmüller, 32 S., 38 Farbfotos, 34 Vorlagen, Pappband. ●

Garagentore selbst bemalt
Techniken und Motive. (0786) Von H. u. Y. Nadolny, 32 S., 24 Farbfotos, 12 s/w-Zeichnungen, Pappband. ●

Alle Jahre wieder…
Advent und Weihnachten
Basteln – Backen – Schmücken – Singen – Vorlesen – Feiern (4260) Von H. und Y. Nadolny, 256 S., 105 Farbfotos, 130 Zeichnungen, Pappband. ●●●

Freizeit

Aktfotografie
Interpretationen zu einem unerschöpflichen Thema.
Gestaltung · Technik · Spezialeffekte. (0737) Von H. Wedewardt, 88 S., 144 Farb- und 6 s/w-Fotos, 6 Zeichnungen, kart. ●●

Videokassette Aktfotografie
Laufzeit ca. 60 Min. In Farbe. (6001/VHS, 6002/Video 2000, 6003/Beta) ●●●●●*

So macht man bessere Fotos
Das meistverkaufte Fotobuch der Welt. (0614) Von M. L. Taylor, 192 S., 457 Farbfotos, 15 Abb., kart. ●●

Falken-Handbuch **Trickfilmen**
Flach-, Sach- und Zeichentrickfilme – von der Idee zur Ausführung. (4131) Von H.-D. Wilden, 144 S., über 430 überwiegend farbige Abb., Pappband. ●●●●

Schmalfilmen
Ausrüstung · Aufnahmepraxis · Schnitt Ton. (0342) Von U. Ney, 108 S., 4 Farbtafeln, 25 s/w-Fotos, kart. ●

Schmalfilme selbst vertonen
(0593) Von U. Ney, 96 S., 57 s/w-Fotos, 14 Zeichnungen, kart. ●

Fotografie – Das Schöne als Ziel
Zur Ästhetik und Psychologie der visuellen Wahrnehmung. (4122) Von E. Stark, 208 S., 252 Farbfotos, 63 Zeichnungen, Ganzleinen. ●●●●●

Videografieren
Filmen mit Video 8
Technik – Bildgestaltung – Schnitt – Vertonnung. (0843) Von M. Wild und K. Möller, 120 S., 101 Farbfotos, 22 s/w-Fotos, 52 Zeichnungen, kart. ●●

Videokassette
Videografieren
Filmen mit Video 8
Technik – Bildgestaltung – Schnitt – Vertonung. (6031) VHS, (6033) Beta, (6034) Sony 8 mm, von M. Wild, 60 Min., in Farbe. ●●●●●*

Ferngelenkte Motorflugmodelle
bauen und fliegen. (0400) Von W. Thies, 184 S., mit Zeichnungen und Detailplänen, kart. ●●

Flugmodelle
bauen und einfliegen. (0361) Von W. Thies und W. Rolf, 160 S., 63 Abb., 7 Faltpläne, kart. ●●

Kleine Welt auf Rädern
Das faszinierende Spiel mit **Modelleisenbahnen** (4175) Von F. Eisen, 256 S., 72 Farb- und 180 s/w-Fotos, 25 Zeichnungen, Pappband. ●●●

Modelleisenbahnen im Freien
Mit Volldampf durch den Garten. (4245) Von F. Eisen, 96 S., 115 Farb-, 4 s/w-Fotos, 5 Zeichnungen, Pappband. ●●●

Videokassette
Die Modelleisenbahn
Anlagenbau in Modultechnik.
Neue kreative Gestaltung.
Neue raffinierte Techniken.
(6028) VHS, (6029) Video 2000, (6030) Beta, von J. Grahn, 30 Min., in Farbe. ●●●●*

Raketen auf Rädern
Autos und Motorräder an der Schallgrenze (4220) Von H. G. Isenberg, 96 S., 112 Farbfotos, 21 s/w-Fotos, Pappband. ●●●

Die rasantesten Rallyes der Welt
(4213) Von H. G. Isenberg und D. Maxeiner, 96 S., 116 Farbfotos, Pappband. ●●●

Trucks
Giganten der Landstraßen in aller Welt. (4222) Von H. G. Isenberg, 96 S., 131 Farbfotos, Pappband. ●●●

Die Super-Trucks der Welt
(4257) Von H. G. Isenberg, 194 S., 205 Farbfotos, 87 s/w-Fotos, 7 Farbzeichnungen, 4 Ausklapptafeln, Pappband. ●●●●

Ferngelenkte Elektromodelle
bauen und fliegen. (0700) Von W. Thies, 144 S., 52 s/w-Fotos, 50 Zeichnungen, kart. ●●

Schiffsmodelle
selber bauen. (0500) Von D. und R. Lochner, 200 S., 93 Zeichnungen, 2 Faltpläne, kart. ●●

Dampflokomotiven
(4204) Von W. Jopp, 96 S., 134 Farbfotos, Pappband. ●●●

Ferngelenkte Segelflugmodelle
bauen und fliegen. (0446) Von W. Thies, 176 S., 22 s/w-Fotos, 115 Zeichnungen, kart. ●●

Die schnellsten Motorräder der Welt
(4206) Von H. G. Isenberg und D. Maxeiner, 96 S., 100 Farbfotos, Pappband. ●●●

Motorrad-Hits
Chopper, Tribikes, Heiße Öfen. (4221) Von H. G. Isenberg, 96 S., 119 Farbfotos, Pappband. ●●●

Die Super-Motorräder der Welt
(4193) Von H. G. Isenberg, 192 S., 170 Farb- und 100 s/w-Fotos, 8 Zeichnungen, Pappband. ●●●●

Motorrad-Faszination
Heiße Öfen, von denen jeder träumt. (4223) Von H. G. Isenberg, 96 S., 103 Farb- und 20 s/w-Fotos, Pappband. ●●●

Münzen
Ein Brevier für Sammler. (0353) Von E. Dehnke, 128 S., 4 Farbtafeln, 17 s/w-Abb., kart. ●●

Astronomie als Hobby
Sternbilder und Planeten erkennen und benennen. (0572) Von D. Block, 176 S., 16 Farbtafeln, 49 s/w-Fotos, 93 Zeichnungen, kart. ●●

Astronomie im Bild
Unser Sternenhimmel rund ums Jahr
(0849) Von Dr. E. Übelacker, 88 S., 48 Farbfotos, 1 s/w-Foto, 68 Farbzeichnungen, kart. ●●

Gitarre spielen
Ein Grundkurs für den Selbstunterricht. (0534) Von A. Roßmann, 96 S., 1 Schallfolie, 150 Zeichnungen, kart. ●●●

Falken-Handbuch **Zaubern**
Über 400 verblüffende Tricks. (4063) Von F. Stutz, 368 S., 1200 Zeichnungen, Pappband. ●●●●

Zaubertricks für jedermann
(0282) Von J. Merlin, 176 S., 113 Abb., kart. ●●

Die hier vorgestellten Bücher, Videokassetten und Software sind in folgende Preisgruppen unterteilt:

● Preisgruppe bis DM 10,–/S 79,–
●● Preisgruppe über DM 10,– bis DM 20,– S 80,– bis S 160,–
●●● Preisgruppe über DM 20,– bis DM 30,– S 161,– bis S 240,–
●●●● Preisgruppe über DM 30,– bis DM 50,– S 241,– bis S 400,–
●●●●● Preisgruppe über DM 50,–/S 401,–
*(unverbindliche Preisempfehlung)

FALKEN VERLAG

Zaubern
einfach – aber verblüffend. (2018) Von D. Buoch, 84 S., 41 Zeichnungen, kart. ●

Magische Zaubereien
(0672) Von W. Widenmann, 64 S., 31 Zeichnungen, kart. ●

Mit vollem Genuß
Pfeife rauchen
Alles über Tabaksorten, Pfeifen und Zubehör. (4227) Von H. Behrens, H. Frickert, 168 S., 127 Farbfotos, 18 Zeichnungen, Pappband. ●●●●

Mineralien, Steine und Fossilien
Grundkenntnisse für Hobby-Sammler. (0437) Von D. Stobbe, 96 S., 16 Farbtafeln, 14 s/w-Fotos, 10 Zeichnungen, kart. ●

Freizeit mit dem Mikroskop
(0291) Von M. Deckart, 132 S., 8 Farbtafeln, 64 s/w Abb., 2 Zeichnungen, kart. ●

Briefmarken
sammeln für Anfänger. (0481) Von D. Stein, 120 S., 4 Farbtafeln, 98 s/w-Abb., kart. ●

Wir lernen tanzen
Standard- und lateinamerikanische Tänze. (0200) Von E. Fern, 168 S., 118 s/w-Fotos, 47 Zeichnungen, kart. ●

Tanzstunde
Das Welttanzprogramm · Party-Tanzstunde. (5018) Von G. Hädrich, 172 S., 443 s/w-Fotos, 140 Zeichnungen, Pappband. ●●

So tanzt man Rock'n'Roll
Grundschritte · Figuren · Akrobatik. (0573) Von W. Steuer und G. Marz, 224 S., 303 Abb., kart. ●●

Tanzen überall
Discofox, Rock'n'Roll, Blues, Langsamer Walzer, Cha-Cha-Cha zum Selberlernen. (0760) Von H. M. Pritzer, 112 S., 128 Farbfotos, kart. ●●

Videokassette **Tanzen überall**
Discofox, Rock'n'Roll, Blues. (6004/VHS, 6005/Video 2000, 6006/Beta) Von H. M. Pritzer, G. Steinheimer, in Farbe, ca. 45 Min. ●●●●●*

Schwarzwald-Romantik
Vom Zauber einer deutschen Landschaft. (4232) Hrsg. A. Rolf, 184 S., 273 Farbfotos, Pappband. ●●●

Sport

Judo
Grundlagen des Stand- und Bodenkampfes. (4013) Von W. Hofmann, 244 S., 589 Fotos, Pappband. ●●●

Neue Lehrmethoden der Judo-Praxis
(0424) Von P. Herrmann, 223 S., 475 Abb., kart. ●●

Judo
Grundlagen – Methodik. (0305) Von M. Ohgo, 208 S., 1025 Fotos, kart. ●●

Fußwürfe
für Judo, Karate und Selbstverteidigung. (0439) Von H. Nishioka, 96 S., 260 Abb., kart. ●

Karate für alle
Karate-Selbstverteidigung in Bildern. (0314) Von A. Pflüger, 112 S., 356 s/w-Fotos, kart. ●

Karate für Frauen und Mädchen
Sport und Selbstverteidigung. (0425) Von A. Pflüger, 168 S., 259 s/w-Fotos, kart. ●●

Nakayamas Karate perfekt 1
Einführung. (0487) Von M. Nakayama, 136 S., 605 s/w-Fotos, kart. ●●

Nakayamas Karate perfekt 2
Grundtechniken. (0512) Von M. Nakayama, 136 S., 354 s/w-Fotos, 53 Zeichnungen, kart. ●●

Nakayamas Karate perfekt 3
Kumite 1: Kampfübungen. (0538) Von M. Nakayama, 128 S., 424 s/w-Fotos, kart. ●●

Nakayamas Karate perfekt 4
Kumite 2: Kampfübungen. (0547) Von M. Nakayama, 128 S., 394 s/w-Fotos, kart. ●●

Nakayamas Karate perfekt 5
Kata 1: Heian, Tekki. (0571) Von M. Nakayama, 144 S., 1229 s/w-Fotos, kart. ●●

Nakayamas Karate perfekt 6
Kata 2: Bassai-Dai, Kanku-Dai, (0600) Von M. Nakayama, 144 S., 1300 s/w-Fotos, 107 Zeichnungen, kart. ●●

Nakayamas Karate perfekt 7
Kata 3: Jitte, Hangetsu, Empi. (0618) Von M. Nakayama, 144 S., 1988 s/w-Fotos, 105 Zeichnungen, kart. ●●

Nakayamas Karate perfekt 8
Gankaku, Jion. (0650) Von M. Nakayama, 144 S., 1174 s/w-Fotos, 99 Zeichungen, kart. ●●

Kontakt-Karate
Ausrüstung · Technik · Training. (0396) Von A. Pflüger, 112 S., 238 s/w-Fotos, kart. ●●

Karate-Do
Das Handbuch des modernen Karate. (4028) Von A. Pflüger, 360 S., 1159 Abb., Pappband. ●●●●

Bo-Karate
Kukishin-Ryu – die Techniken des Stockkampfes. ((0447) Von G. Stiebler, 176 S., 424 s/w-Fotos, 38 Zeichnungen, kart. ●●

Karate I
Einführung · Grundtechniken. (0227) Von A. Pflüger, 148 S., 195 s/w-Fotos, 120 Zeichnungen, kart. ●

Karate II
Kombinationstechniken · Katas. (0239) Von A. Pflüger, 176 S., 452 s/w-Fotos und Zeichnungen, kart. ●

Karate Kata 1
Heian 1-5, Tekki 1, Bassai Dai. (0683) Von W.-D. Wichmann, 164 S., 703 s/w-Fotos, kart. ●●

Karate Kata 2
Jion, Empi, Kanku-Dai, Hangetsu. (0723) Von W.-D. Wichmann, 140 S., 661 s/w Fotos, 4 Zeichnungen, kart. ●●

25 Shotokan-Katas
Auf einen Blick: Karate-Katas für Prüfungen und Wettkämpfe (0859) Von A. Pflüger, 88 S., 185 s/w-Abbildungen, 26 ganzseitige Tafeln mit über 1.600 Einzelschritten, kart. ●●

Ninja 1
Die Lehre der Schattenkämpfer. (0758) Von S. K. Hayes, 144 S., 137 s/w-Fotos, kart. ●●

Ninja 2
Die Wege zum Shoshin (0763) Von S. K. Hayes, 160 S., 309 s/w-Fotos, kart. ●●

Ninja 3
Der Pfad des Togakure-Kämpfers. (0764) Von S. K. Hayes, 144 S., 197 s/w-Fotos, 2 Zeichnungen, kart. ●●

Ninja 4
Das Vermächtnis der Schattenkämpfer. (0807) Von S. K. Hayes, 196 S., 466 s/w-Fotos, kart. ●●

Der König des Kung-Fu
Bruce Lee
Sein Leben und Kampf. (0392) Von seiner Frau Linda. 136 S., 104 s/w-Fotos, kart. ●●

Bruce Lees Kampfstil 1
Grundtechniken. (0473) Von B. Lee und M. Uyehara, 109 S., 220 Abb., kart. ●

Bruce Lees Kampfstil 2
Selbstverteidigungs-Techniken. (0486) Von B. Lee und M. Uyehara, 128 S., 310 Abb., kart. ●

Bruce Lees Kampfstil 3
Trainingslehre. (0503) Von B. Lee und M. Uyehara, 112 S., 246 Abb., kart. ●

Bruce Lees Kampfstil 4
Kampftechniken. (0523) Von B. Lee und M. Uyehara, 104 S., 211 Abb., kart. ●

Bruce Lees Jeet Kune Do
(0440) Von B. Lee, 192 S., mit 105 eigenhändigen Zeichnungen von B. Lee, kart. ●●

Ju-Jutsu 1
Grundtechniken – Moderne Selbstverteidigung. (0276) Von W. Heim und F. J. Gresch, 160 S., 460 s/w-Fotos, 8 Zeichnungen, kart. ●

Ju-Jutsu 2
für Fortgeschrittene und Meister. (0378) Von W. Heim und F. J. Gresch, 164 S., 798 s/w-Fotos, kart. ●●

Ju-Jutsu 3
Spezial-, Gegen- und Weiterführungs-Techniken. (0485) Von W. Heim und F. J. Gresch, 214 S., über 600 s/w-Fotos, kart. ●●

Ju-Jutsu als Wettkampf
(0826) Von G. Kulot, 168 S., 418 s/w-Fotos, 2 Zeichnungen, kart. ●●

Nunchaku
Waffe · Sport · Selbstverteidigung. (0373) Von A. Pflüger, 144 S., 247 Abb., kart. ●●

Shuriken · Tonfa · Sai
Stockfechten und andere bewaffnete Kampfsportarten aus Fernost. (0397) Von A. Schulz, 96 S., 253 s/w-Fotos, kart. ●●

Die hier vorgestellten Bücher, Videokassetten und Software sind in folgende Preisgruppen unterteilt:

● Preisgruppe bis DM 10,–/S 79,–
●● Preisgruppe über DM 10,– bis DM 20,– S 80,– bis S 160,–
●●● Preisgruppe über DM 20,– bis DM 30,– S 161,– bis S 240,–
●●●● Preisgruppe über DM 30,– bis DM 50,– S 241,– bis S 400,–
●●●●● Preisgruppe über DM 50,–/S 401,–
*(unverbindliche Preisempfehlung)

FALKEN VERLAG

Die Preise entsprechen dem Status beim Druck dieses

Illustriertes Handbuch des Taekwondo
Koreanische Kampfkunst und Selbstverteidigung. (4053) Von K. Gil, 248 S., 1026 Abb., Pappband. ●●●

Taekwon-Do
Koreanischer Kampfsport. (0347) Von K. Gil, 152 S., 408 Abb., kart. ●●

Aikido
Lehren und Techniken des harmonischen Weges. (0537) Von R. Brand, 280 S., 697 Abb., kart. ●●

Kung-Fu und Tai-Chi
Grundlagen und Bewegungsabläufe. (0367) Von B. Tegner, 182 S., 370 s/w-Fotos, kart. ●●

Kung-Fu
Theorie und Praxis klassischer und moderner Stile. (0376) Von M. Pabst, 160 S., 330 Abb., kart. ●●

Shaolin-Kempo – Kung-Fu
Chinesisches Karate im Drachenstil. (0395) Von R. Czerni und K. Konrad. 246 S., 723 Abb., kart. ●●

Hap Ki Do
Grundlagen und Techniken koreanischer Selbstverteidigung. (0379) Von Kim Sou Bong, 112 S., 153 Abb., kart. ●●

Dynamische Tritte
Grundlagen für den Zweikampf. (0438) Von C. Lee, 96 S., 398 s/w-Fotos, 10 Zeichnungen, kart. ●

Kickboxen
Fitneßtraining und Wettkampfsport. (0795) Von G. Lemmens, 96 S., 208 s/w-Fotos, 23 Zeichnungen, kart. ●●

Selbstverteidigung
Abwehrtechniken für Sie und Ihn (0853) Von E. Deser, 96 S., 259 s/w-Fotos, kart. ●

Muskeltraining mit Hanteln
Leistungssteigerung für Sport und Fitness. (0676) Von H. Schulz, 108 S., 92 s/w-Fotos, 2 Zeichnungen, kart. ●

Leistungsfähiger durch Krafttraining
Eine Anleitung für Fitness-Sportler, Trainer und Athleten (0617) Von W. Kieser, 100 S., 20 s/w-Fotos, 62 Zeichnungen, kart. ●

Die Faszination athletischer Körper
Bodybuilding
mit Weltmeister Ralf Möller (4281) Von R. Möller, 128 S., 169 Farbfotos, 14 s/w-Fotos, 1 Farbzeichnung, Pappband. ●●●●

Bodybuilding
Anleitung zum Muskel- und Konditionstraining für sie und ihn. (0604) Von R. Smolana. 160 S., 171 s/w-Fotos, kart. ●

Hanteltraining zu Hause
(0800) Von W. Kieser, 80 S., 71 s/w-Fotos, 4 Zeichnungen, kart. ●

Fit und gesund
Körpertraining und Bodybuilding zu Hause. (0782) Von H. Schulz, 80 S., 100 Farbfotos, 3 Zeichnungen, kart. ●●

Videokassette:
Fit und gesund
VHS (6013), Video 2000 (6014), Beta (6015), Laufzeit 30 Minuten, in Farbe. ●●●●*

Bodybuilding für Frauen
Wege zu Ihrer Idealfigur (0661) Von H. Schulz, 108 S., 84 s/w-Fotos, 4 Zeichnungen, kart. ●●

Isometrisches Training
Übungen für Muskelkraft und Entspannung. (0529) Von L. M. Kirsch, 140 S., 162 s/w-Fotos, kart. ●

Spaß am Laufen
Jogging für die Gesundheit. (0470) Von W. Sonntag, 140 S., 41 s/w-Fotos, 1 Zeichnung, kart. ●

Mein bester Freund, der Fußball
(5107) Von D. Brüggemann und D. Albrecht, 144 S., 171 Abb., kart. ●●

Fußball
Training und Wettkampf. (0448) Von H. Obermann und P. Walz, 166 S., 92 s/w-Fotos, 15 Zeichnungen, 29 Diagramme, kart. ●●

Handball
Technik · Taktik · Regeln. (0426) Von F. und P. Hattig, 128 S., 91 s/w-Fotos, 121 Zeichnungen, kart. ●●

Volleyball
Technik · Taktik · Regeln. (0351) Von H. Huhle, 104 S., 330 Abb., kart. ●

Basketball
Technik und Übungen für Schule und Verein. (0279) Von C. Kyriasoglou, 116 S., mit 252 Übungen zur Basketballtechnik, 186 s/w-Fotos und 164 Zeichnungen, kart. ●●

Hockey
Technische und taktische Grundlagen. (0398) Von H. Wein, 152 S., 60 s/w-Fotos, 30 Zeichnungen, kart. ●●

Eishockey
Lauf- und Stocktechnik, Körperspiel, Taktik, Ausrüstung und Regeln. (0414) Von J. Čapla, 264 S., 548 s/w-Fotos, 163 Zeichnungen, kart. ●●

Badminton
Technik · Taktik · Training. (0699) Von K. Fuchs, L. Sologub, 168 S., 51 Abb., kart., ●●

Golf
Ausrüstung · Technik · Regeln. (0343) Von J. C. Jessop, übersetzt von H. Biemer, mit einem Vorwort von H. Krings, Präsident des Deutschen Golf-Verbandes, 160 S., 65 Abb., Anhang Golfregeln des DGV, kart. ●●

Pool-Billard
(0484) Herausgegeben vom Deutschen Pool-Billard-Bund, von M. Bach und K.-W. Kühn, 88 S., mit über 80 Abb., kart. ●

Sportschießen
für jedermann. (0502) Von A. Kovacic, 124 S., 116 s/w-Fotos, kart. ●●

Fechten
Florett · Degen · Säbel. (0449) Von E. Beck, 88 S., 219 Fotos und Zeichnungen, kart. ●●

Fibel für Kegelfreunde
Sport- und Freizeitkegeln · Bowling. (0191) Von G. Bocsai, 72 S., 62 Abb., kart. ●

Beliebte und neue Kegelspiele
(0271) Von G. Bocsai, 92 S., 62 Abb., kart. ●

111 spannende Kegelspiele
(2031) Von H. Regulski, 88 S., 53 Zeichnungen, kart., ●

Ski-Gymnastik
Fit für Piste und Loipe. (0450) Von H. Pilss-Samek, 104 S., 67 s/w-Fotos, 20 Zeichnungen, kart. ●

Die neue Skischule
Ausrüstung · Technik · Trickskilauf · Gymnastik. (0369) Von C. und R. Kerler, 128 S., 100 Abb., kart. ●

Skilanglauf, Skiwandern
Ausrüstung · Techniken · Skigymnastik. (5129) Von T. Reiter und R. Kerler, 80 S., 8 Farbtafeln, 85 Zeichnungen und s/w-Fotos, kart. ●●

Alpiner Skisport
Ausrüstung · Techniken · Skigymnastik (5130) Von K. Meßmann, 128 S., 8 Farbtafeln, 93 s/w-Fotos, 45 Zeichnungen, kart. ●●

Die neue Tennis-Praxis
Der individuelle Weg zu erfolgreichem Spiel. (4097) Von R. Schönborn, 240 S., 202 Farbzeichnungen, 31 s/w-Abb., Pappband. ●●●●

Erfolgreiche Tennis-Taktik
(4086) Von R. Ford Greene, übersetzt von M. R. Fischer, 182 S., 87 Abb., kart. ●●

Moderne Tennistechnik
(4187) Von G. Lam, 192 S., 339 s/w-Fotos, 91 Zeichnungen, kart. ●●●

Tennis kompakt
Der erfolgreiche Weg zu Spiel, Satz und Sieg. (5116) Von W. Taferner, 128 S., 82 s/w-Fotos, 67 Zeichnungen, kart. ●●

Tennis
Technik · Taktik · Regeln. (0375) Von H. Elschenbroich, 112 S., 81 Abb., kart. ●

Tischtennis-Technik
Der individuelle Weg zu erfolgreichem Spiel. (0775) Von M. Perger, 144 S., 296 Abb. kart. ●●

Squash
Ausrüstung · Technik · Regeln. (0539) Von D. von Horn und H.-D. Stünitz, 96 S., 55 s/w-Fotos, 25 Zeichnungen, kart. ●

Sporttauchen
Theorie und Praxis des Gerätetauchens. (0647) Von S. Müßig, 144 S., 8 Farbtafeln, 35 s/w-Fotos, 89 Zeichnungen, kart. ●●

Windsurfing
Lehrbuch für Grundschein und Praxis. (5028) Von C. Schmidt, 64 S., 60 Farbfotos, Pappband. ●●

Segeln
Der neue Grundschein – Vorstufe zum A-Schein – Mit Prüfungsfragen. (5147) Von C. Schmidt, 80 S., 8 Farbtafeln, 18 Farbfotos, 82 Zeichnungen, kart., ●●

Sportfischen
Fische – Geräte – Technik. (0324) Von H. Oppel, 144 S., 49 s/w-Fotos, 8 Farbtafeln, kart. ●

Falken-Handbuch
Angeln
in Binnengewässern und im Meer. (4090) Von H. Oppel, 344 S., 24 Farbtafeln, 66 s/w-Fotos, 151 Zeichnungen, gebunden. ●●●●

Die hier vorgestellten Bücher, Videokassetten und Software sind in folgende Preisgruppen unterteilt:

● Preisgruppe bis DM 10,– /S 79,–
●● Preisgruppe über DM 10,– bis DM 20,– S 80,– bis S 160,–
●●● Preisgruppe über DM 20,– bis DM 30,– S 161,– bis S 240,–
●●●● Preisgruppe über DM 30,– bis DM 50,– S 241,– bis S 400,–
●●●●● Preisgruppe über DM 50,– /S 401,–
*(unverbindliche Preisempfehlung)

FALKEN VERLAG

Angeln
Kleine Fibel für den Sportfischer. (0198) Von E. Bondick, 96 S., 116 Abb., kart. ●

Einführung in das Schachspiel
(0104) Von W. Wollenschläger und K. Colditz, 92 S., 116 Diagramme, kart. ●

Schach mit dem Computer
(0747) Von D. Frickenschmidt, 140 S., 112 Diagramme, 29 s/w-Fotos, 5 Zeichnungen, kart. ●●

Spielend Schach lernen
(2002) Von T. Schuster, 128 S., kart. ●

Kinder- und Jugendschach
Offizielles Lehrbuch des Deutschen Schachbundes zur Erringung der Bauern-, Turm- und Königsdiplome. (0561) Von B. J. Withuis und H. Pfleger, 144 S., 220 Zeichnungen u. Diagramme, kart. ●●

Neue Schacheröffnungen
(0478) Von T. Schuster, 108 S., 100 Diagramme, kart. ●

Schach für Fortgeschrittene
Taktik und Probleme des Schachspiels. (0219) Von R. Teschner, 96 S., 85 Diagramme, kart. ●

Taktische Schachendspiele
(0752) Von J. Nunn, 200 S., 151 Diagramme, kart. ●●

Schach-WM '85 Karpow – Kasparow.
Mit ausführlichen Kommentaren zu allen Partien. (0785) Von H. Pfleger, O. Borik, M. Kipp-Thomas, 128 S., zahlreiche Abb. und Diagramme, kart. ●●

Die Schach-Revanche
Kasparow/Karpow 1986. (0831) Von O. Borik, H. Pfleger, M. Kipp-Thomas, 144 S., 19 s/w-Fotos, 72 Diagramme, kart. ●●

Schachstrategie
Ein Intensivkurs mit Übungen und ausführlichen Lösungen. (0584) Von A. Koblenz, dt. Bearb. von K. Colditz, 212 S., 240 Diagramme, kart. ●●

Falken-Handbuch **Schach**
(4051) Von T. Schuster, 360 S., über 340 Diagramme, gebunden. ●●●●

Die besten Partien deutscher Schachgroßmeister
(4121) Von H. Pfleger, 192 S., 29 s/w-Fotos, 89 Diagramme, Pappband. ●●●

Turnier der Schachgroßmeister '83
Karpow · Hort · Browne · Miles · Chandler · Garcia · Rogers · Kindermann. (0718) Von H. Pfleger, E. Kurz, 176 S., 29 s/w-Fotos, 71 Diagramme, kart. ●●

Lehr-, Übungs- und Testbuch der Schachkombinationen
(0649) Von K. Colditz, 184 S., 227 Diagramme, kart. ●●

Offizielles Lehrbuch des Deutschen Schachbundes
Das systematische Schachtraining
Trainingsmethoden, Strategien und Kombinationen. (0857) Von Sergiu Samarian, 152 S., 159 Diagramme, 1 Zeichnung, kart. ●●

Zug um Zug
Schach für jedermann 1
Offizielles Lehrbuch des Deutschen Schachbundes zur Erringung des Bauerndiploms. (0648) Von H. Pfleger und E. Kurz, 80 S., 24 s/w-Fotos, 8 Zeichnungen, 60 Diagramme, kart. ●

Zug um Zug
Schach für jedermann 2
Offizielles Lehrbuch des Deutschen Schachbundes zur Erringung des Turmdiploms. (0659) Von H. Pfleger und E. Kurz, 132 S., 8 s/w-Fotos, 14 Zeichnungen, 78 Diagramme, kart. ●

Zug um Zug
Schach für jedermann 3
Offizielles Lehrbuch des Deutschen Schachbundes zur Erringung des Königdiploms. (0728) Von H. Pfleger, G. Treppner, 128 S., 4 s/w-Fotos, 84 Diagramme, 10 Zeichnungen, kart. ●

Schachtraining mit den Großmeistern
(0670) Von H. Bouwmeester, 128 S., 90 Diagramme, kart. ●●

Schach als Kampf
Meine Spiele und mein Weg. (0729) Von G. Kasparow, 144 S., 95 Diagramme, 9 s/w-Fotos, kart. ●●

Helmut Pflegers
Schachkabinett
Amüsante Aufgaben – überraschende Lösungen. (0877) Von H. Pfleger, 160 S., 118 Diagramme, kart. ●●

Spiele, Denksport, Unterhaltung

Kartenspiele
(2001) Von C. D. Grupp, 144 S., kart. ●

Neues Buch der siebzehn und vier Kartenspiele
(0095) Von K. Lichtwitz, 96 S., kart. ●

Alles über Pokern
Regeln und Tricks. (2024) Von C. D. Grupp, 120 S., 29 Kartenbilder, kart. ●

Rommé und Canasta
in allen Variationen. (2025) Von C. D. Grupp, 124 S., 24 Zeichnungen, kart. ●

Schafkopf, Doppelkopf, Binokel, Cego, Gaigel, Jaß, Tarock und andere „Lokalspiele".
(2015) Von C. D. Grupp, 152 S., kart. ●●

Spielend Skat lernen
unter freundlicher Mitarbeit des Deutschen Skatverbandes. (2005) Von Th. Krüger, 156 S., 181 s/w-Fotos, 22 Zeichnungen, kart. ●

Das Skatspiel
Eine Fibel für Anfänger. (0206) Von K. Lehnhoff, überarb. von P. A. Höfges, 96 S., kart. ●

Black Jack
Regeln und Strategien des Kasinospiels. (2032) Von K. Kelbratowski, 88 S., kart. ●

Falken-Handbuch **Patiencen**
Die 111 interessantesten Auslagen. (4151) Von U. v. Lyncker, 216 S., 108 Abbildungen, Pappband. ●●●

Patiencen
in Wort und Bild. (2003) Von I. Wolter, 136 S., kart. ●

Falken-Handbuch **Bridge**
Von den Grundregeln zum Turnierspiel. (4092) Von W. Voigt und K. Ritz, 276 S., 792 Zeichnungen, gebunden. ●●●●

Spielend Bridge lernen
(2012) Von J. Weiss, 108 S., 58 Zeichnungen, kart. ●

Spieltechnik im Bridge
(2004) Von V. Mollo und N. Gardener, deutsche Adaption von D. Schröder, 216 S., kart. ●●

Besser Bridge spielen
Reiztechnik, Spielverlauf und Gegenspiel. (2026) Von J. Weiss, 144 S., 60 Diagramme, kart. ●●

Herausforderung im Bridge
200 Aufgaben mit Lösungen. (2033) Von V. Mollo, 152 S., kart. ●●

Kartentricks
(2010) Von T. A. Rosee, 80 S., 13 Zeichnungen, kart. ●

Mah-Jongg
Das chinesische Glücks-, Kombinations- und Gesellschaftsspiel. (2030) Von U. Eschenbach, 80 S., 30 s/w-Fotos, 5 Zeichnungen, kart. ●

Neue Kartentricks
(2027) Von K. Pankow, 104 S., 20 Abb., kart. ●

Backgammon
für Anfänger und Könner. (2008) Von G. W. Fink und G. Fuchs, 116 S., 41 Abb., kart. ●

Würfelspiele
für jung und alt. (2007) Von F. Pruss, 112 S., 21 s/w-Zeichnungen, kart. ●

Gesellschaftsspiele
für drinnen und draußen. (2006) Von H. Görz, 128 S., kart. ●

Spiele für Party und Familie
(2014) Von Rudi Carrell, 160 S., 50 Abb., kart. ●

Das japanische Brettspiel Go
(2020) Von W. Dörholt, 104 S., 182 Diagramme, kart. ●

Roulette richtig gespielt
Systemspiele, die Vermögen brachten. (0121) Von M. Jung, 96 S., zahlreiche Tabellen, kart. ●

Spielend Roulette lernen
(2034) Von E. P. Caspar, 152 S., 1 s/w-Foto, 45 Zeichnungen, kart. ●●

Denksport und Schnickschnack
für Tüftler und fixe Köpfe. (0362) Von J. Barto, 100 S., 45 Abb., kart. ●

Rätselspiele, Quiz- und Scherzfragen
für gesellige Stunden. (0577) Von K.-H. Schneider, 168 S., über 100 Zeichnungen, Pappband. ●●

Knobeleien und Denksport
(2019) Von K. Rechberger, 142 S., 105 Zeichnungen, kart. ●

Das Geheimnis der magischen Ringe
Alles über das Puzzle vom Würfel-Erfinder. Die schönsten Figuren. (0878) Von Dr. Ch. Bandelow, 96 S., 198 Zeichnungen, 8 Cartoons, kart. ●

Die hier vorgestellten Bücher, Videokassetten und Software sind in folgende Preisgruppen unterteilt:

● Preisgruppe bis DM 10,–/S 79,–
●● Preisgruppe über DM 10,– bis DM 20,– S 80,– bis S 160,–
●●● Preisgruppe über DM 20,– bis DM 30,– S 161,– bis S 240,–
●●●● Preisgruppe über DM 30,– bis DM 50,– S 241,– bis S 400,–
●●●●● Preisgruppe über DM 50,–/S 401,–
*(unverbindliche Preisempfehlung)

FALKEN VERLAG

Die Preise entsprechen dem Status beim Druck dieses

Quiz
Mehr als 1500 ernste und heitere Fragen aus allen Gebieten. (0129) Von R. Sautter und W. Pröve, 92 S., 9 Zeichnungen, kart. ●

500 Rätsel selberraten
(0681) Von E. Krüger, 272 S., kart. ●

365 Schwedenrätsel
(4173) Von Günther Borutta, 336 S.,kart. ●●

501 Rätsel selberraten
(0711) Von E. Krüger, 272 S., kart. ●

Riesen-Kreuzwort-Rätsel-Lexikon
über 250.000 Begriffe. (4197) Von H. Schiefelbein, 1024 S., Pappband. ●●●

Das Super-Kreuzwort-Rätsel-Lexikon
Über 150.000 Begriffe. (4279) Von H. Schiefelbein, 688 S., Pappband. ●●

Das große farbige Kinderlexikon
(4195) Von U. Kopp, 320 S., 493 Farbabb., 17 s/w-Fotos, Pappband. ●●●

Das große farbige
Bastelbuch für Kinder
(4254) Von U. Barff, I. Burkhardt, J. Maier, 224 S., 157 Farbfotos, 430 Farb- und 69 s/w-Zeichnungen, Pappband. ●●●

Punkt, Punkt, Komma, Strich
Zeichenstunden für Kinder. (0564) Von H. Witzig, 144 S., über 250 Zeichnungen, kart. ●

Einmal grad und einmal krumm
Zeichenstunden für Kinder. (0599) Von H. Witzig, 144 S., 363 Abb., kart. ●

Kinderspiele
die Spaß machen. (2009) Von H. Müller-Stein, 112 S., 28 Abb., kart. ●

Spiele für Kleinkinder
(2011) Von D. Kellermann, 80 S., 23 Abb., kart. ●

Spiel und Spaß am Krankenbett
für Kinder und die ganze Familie. (2035) Von H. Bücken, 104 S., 97 Zeichnungen, kart. ●

Kasperletheater
Spieltexte und Spielanleitungen · Basteltips für Theater und Puppen. (0641) Von U. Lietz, 136 S., 4 Farbtafeln, 12 s/w-Fotos, 39 Zeichnungen, kart. ●

Tri-tra-trullalla
Neue Texte mit Spielanleitungen fürs Kasperletheater. (0681) Von U. Lietz, 96 S., 18 s/w-Zeichnungen, kart. ●

Kindergeburtstag
Vorbereitung, Spiel und Spaß. (0287) Von Dr. I. Obrig, 104 S., 40 Abb., 11 Zeichnungen, 9 Lieder mit Noten, kart. ●

Kindergeburtstage die keiner vergißt
Planung, Gestaltung, Spielvorschläge. (0698) Von G. und G. Zimmermann, 102 S., 80 Vignetten, kart. ●

Kinderfeste
daheim und in Gruppen. (4033) Von G. Blechner, 240 S., 320 Abb., kart. ●●

Scherzfragen, Drudel und Blödeleien
gesammelt von Kindern. (0506) Hrsg. von W. Pröve, 112 S., 57 Zeichnungen, kart. ●

Komm mit ins Land der Lieder
Das große Buch der Kinder-, Volks- und Chorlieder. (4261) Hrsg. von H. Rauhe, 176 S., 146 Farbzeichnungen, Pappband. ●●●

Die schönsten Wander- und Fahrtenlieder
(0462) Hrsg. von F. R. Miller, empfohlen vom Deutschen Sängerbund, 80 S., mit Noten und Zeichnungen, kart. ●

Die schönsten Volkslieder
(0432) Hrsg. von D. Walther, 128 S., mit Noten und Zeichnungen, kart. ●

Neue Spiele für Ihre Party
(2022) Von G. Blechner, 120 S., 54 Zeichnungen, kart. ●

Lustige Tanzspiele und Scherztänze
für Parties und Feste. (0165) Von E. Bäulke, 80 S., 53 Abb., kart. ●

Straßenfeste, Flohmärkte und Basare
Praktische Tips für Organisation und Durchführung. (0592) Von H. Schuster, 96 S., 52 Fotos, 17 Zeichnungen, kart. ●●

Humor

Heitere Vorträge und witzige Reden
Lachen, Witz und gute Laune. (0149) Von E. Müller, 104 S., 44 Abb., kart. ●

Tolle Sketche
mit zündenden Pointen – zum Nachspielen. (0656) Von E. Cohrs, 112 S., kart. ●

Vergnügliche Sketche
(0476) Von H. Pillau, 96 S., mit 7 Zeichnungen, kart. ●

Heitere Vorträge
(0528) Von E. Müller, 128 S., 14 Zeichnungen, kart. ●

Die große Lachparade
Neue Texte für heitere Vorträge und Ansagen. (0188) Von E. Müller, 80 S., kart. ●

So feiert man Feste fröhlicher
Heitere Vorträge und Gedichte. (0098) Von Dr. Allos, 96 S., 15 Abb., kart. ●

Lustige Vorträge für fröhliche Feiern
(0284) Von K. Lehnhoff, 96 S., kart. ●

Vergnügliches Vortragsbuch
(0091) Von J. Plaut, 192 S., kart. ●

Locker vom Hocker
Witzige Sketche zum Nachspielen. (4262) Von W. Giller, 144 S., 41 Zeichnungen, Pappband. ●●

Fidele Sketche und heitere Vorträge
Humor zum Nachspielen. (0157) Von H. Ehnle. 96 S., kart. ●

Sketche und spielbare Witze
für bunte Abende und andere Feste. (0445) Von H. Friedrich, 120 S., 7 Zeichnungen, kart. ●

Sketsche
Kurzspiele zu amüsanter Unterhaltung. (0247) Von M. Gering, 132 S., 16 Abb., kart., ●

Witzige Sketche zum Nachspielen
(0511) Von D. Hallervorden, 160 S., kart. ●●

Gereimte Vorträge
für Bühne und Bütt. (0567) Von G. Wagner, 96 S., kart. ●

Damen in der Bütt
Scherze, Büttenreden, Sketsche. (0354) Von T. Müller, 136 S., kart. ●

Narren in der Bütt
Leckerbissen aus dem rheinischen Karneval. (0216) Zusammengestellt von T. Lücker, 112 S., kart. ●

Rings um den Karneval
Karnevalsscherze und Büttenreden. (0130) Von Dr. Allos, 136 S., kart. ●

Helau und Alaaf 1
Närrisches aus der Bütt. (0304) Von E. Müller, 112 S., kart. ●

Helau und Alaaf 2
Neue Büttenreden. (0477) Von E. Luft, 104 S., kart. ●

Helau und Alaaf 3
Neue Reden für die Bütt. (0832) Von H. Fauser, 144 S., 13 Zeichnungen, kart. ●

Humor und Stimmung
Ein heiteres Vortragsbuch. (0460) Von G. Wagner, 112 S., kart. ●

Humor und gute Laune
Ein heiteres Vortragsbuch. (0635) Von G. Wagner, 112 S., 5 Zeichnungen, kart. ●

Das große Buch der Witze
(0384) Von E. Holz, 320 S., 36 Zeichnungen, Pappband. ●●

Da lacht das Publikum
Neue lustige Vorträge für viele Gelegenheiten. (0716) Von H. Schmalenbach, 104 S., kart. ●

Witzig, witzig
(0507) Von E. Müller, 128 S., 16 Zeichnungen, kart. ●

Die besten Witze und Cartoons des Jahres 1
(0454) Hrsg. von K. Hartmann, 288 S., 125 Zeichnungen, geb. ●●

Die besten Witze und Cartoons des Jahres 2
(0488) Hrsg. von K. Hartmann, 288 S., 148 Zeichnungen, geb. ●●

Die besten Witze und Cartoons des Jahres 4
(0579) Hrsg. von K. Hartmann, 288 S., 140 Zeichnungen, Pappband. ●●

Die besten Witze und Cartoons des Jahres 5
(0642) Hrsg. von K. Hartmann, 288 S., 88 Zeichnungen, Pappband. ●●

Das Superbuch der Witze
(4146) Von B. Bornheim, 504 S., 54 Cartoons, Pappband. ●●

Die hier vorgestellten Bücher, Videokassetten und Software sind in folgende Preisgruppen unterteilt:

● Preisgruppe bis DM 10,–/S 79,–
●● Preisgruppe über DM 10,– bis DM 20,– S 80,– bis S 160,–
●●● Preisgruppe über DM 20,– bis DM 30,– S 161,– bis S 240,–
●●●● Preisgruppe über DM 30,– bis DM 50,– S 241,– bis S 400,–
●●●●● Preisgruppe über DM 50,–/S 401,–
*(unverbindliche Preisempfehlung)

FALKEN VERLAG

Witze
Lachen am laufenden Band (4241) Von J. Burkert, D. Kroppach, 400 S., 41 Zeichnungen, Pappband. ●●

Die besten Beamtenwitze
(0574) Hrsg. von W. Pröve, 112 S., 59 Cartoons, kart. ●

Die besten Kalauer
(0705) Von K. Frank, 112 S., 12 Zeichnungen, kart., ●

Robert Lembkes Witzauslese
(0325) Von Robert Lembke, 160 S., 10 Zeichnungen von E. Köhler, Pappband. ●●

Fred Metzlers Witze mit Pfiff
(0368) Von F. Metzler, 120 S., kart. ●

O frivol ist mir am Abend
Pikante Witze von Fred Metzler. (0388) Von F. Metzler, 128 S., mit Karikaturen, kart. ●

Herrenwitze
(0589) Von G. Wilhelm, 112 S., 31 Zeichnungen, kart. ●

Witze am laufenden Band
(0461) Von F. Asmussen, 118 S., kart. ●

Horror zum Totlachen
Gruselwitze
(0536) Von F. Lautenschläger, 96 S., 44 Zeichnungen, kart. ●

Die besten Ostfriesenwitze
(0495) Hrsg. von O. Freese, 112 S., 17 Zeichnungen, kart. ●

Die Kleidermotte ernährt sich von nichts, sie frißt nur Löcher
Stilblüten, Sprüche und Widersprüche aus Schule, Zeitung, Rundfunk und Fernsehen. (0738) Von P. Haas, D. Kroppach, 112 S., zahlr. Abb., kart. ●

Olympische Witze
Sportlerwitze in Wort und Bild. (0505) Von W. Willnat, 112 S., 126 Zeichnungen, kart. ●

Ich lach mich kaputt! Die besten Kinderwitze
(0545) Von E. Hannemann, 128 S., 15 Zeichnungen, kart. ●

Lach mit!
Witze für Kinder, gesammelt von Kindern. (0468) Hrsg. von W. Pröve, 128 S., 17 Zeichnungen, kart. ●

Die besten Kinderwitze
(0757) Von K. Rank, 120 S., 28 Zeichnungen, kart. ●

Lustige Sketche für Jungen und Mädchen
Kurze Theaterstücke für Jungen und Mädchen. (0669) Von U. Lietz und U. Lange, 104 S., kart. ●

Spielbare Witze für Kinder
(0824) Von H. Schmalenbach, 128 S., 30 Zeichnungen, kart. ●

Natur

Falken-Handbuch
Umweltschutz
Das Öko-Testbuch zur Eigeninitiative. (4160) Von M. Häfner, 352 S., 411 Farbf., 152 Farbzeichnungen, Pappband. ●●●●

Pilze
erkennen und benennen. (0380) Von J. Raithelhuber, 136 S., 110 Farbfotos, kart. ●●

Falken-Handbuch **Pilze**
Mit über 250 Farbfotos und Rezepten. (4061) Von M. Knoop, 276 S., 250 Farbfotos, Pappband. ●●●●

Das Gartenjahr
Arbeitsplan für den Hobbygärtner. (4075) Von G. Bambach, 152 S., 16 Farbtafeln, 141 Abb., kart. ●●

Gartenteiche und Wasserspiele
planen, anlegen und pflegen. (4083) Von H. R. Sikora, 160 S., 31 Farb- und 31 s/w-Fotos, 73 Zeichnungen, Pappband. ●●●

Wasser im Garten
Von der Vogeltränke zum Naturteich – Natürliche Lebensräume selbst gestalten. (4230) Von H. Hendel, 240 S., 247 Farbfotos, 68 Farbzeichnungen, Pappband. ●●●●●

Mein kleiner Gartenteich
planen – anlegen – pflegen
(0851) Von I. Polaschek, 144 S., 85 Farbfotos, 10 Farbzeichnungen, kart. ●●

Gärtnern
(5004) Von I. Manz, 64 S., 38 Farbfotos, Pappband. ●●

Gärtner Gustavs Gartenkalender
Arbeitspläne · Pflanzenporträts · Gartenlexikon. (4155) Von G. Schoser, 120 S., 146 Farbfotos, 13 Tabellen, 203 farbige Zeichnungen, Pappband. ●●●

Ziersträucher und -bäume im Garten
(5071) Von I. Manz, 64 S., 91 Farbfotos, Pappband. ●●

Das Blumenjahr
Arbeitsplan für drinnen und draußen. (4142) Von G. Vocke, 136 S., 15 Farbtafeln, kart. ●●

Der richtige Schnitt von Obst- und Ziergehölzen, Rosen und Hecken
(0619) Von E. Zettl, 88 S., 8 Farbtafeln, 39 Zeichnungen, 21 s/w-Fotos, kart. ●

Blumenpracht im Garten
(5014) Von I. Manz, 64 S., 93 Farbfotos, Pappband. ●●

Blütenpracht in Haus und Garten
(4145) Von M. Haberer, u. a., 352 S., 1012 Farbfotos, Pappband. ●●●●

Sag's mit Blumen
Pflege und Arrangieren von Schnittblumen. (5103) Von P. Möhring, 64 S., 68 Farbfotos, 2 s/w-Abb., Pappband. ●●

Grabgestaltung
Bepflanzung und Pflege zu jeder Jahreszeit. (5120) Von N. Uhl, 64 S., 77 Farbfotos, 2 Zeichnungen, Pappband. ●●

Wintergärten
Das Erlebnis, mit der Natur zu wohnen. Planen, Bauen und Gestalten. (4256) Von LOG, ID, 136 S., 130 Farbfotos, 107 Zeichnungen, Pappband. ●●●●

Häuser in lebendigem Grün
Fassaden und Dächer mit Pflanzen gestalten. (0846) Von U. Mehl, K. Werk, 88 S., 116 Farbfotos, 4 Farb- und 17 s/w-Zeichnungen, kart. ●●

Leben im Naturgarten
Der Biogärtner und seine gesunde Umwelt. (4124) Von N. Jorek, 128 S., 68 s/w-Fotos, kart. ●●

So wird mein Garten zum Biogarten
Alles über die Umstellung auf naturgemäßen Anbau. (0706) Von I. Gabriel, 128 S., 73 Farbfotos, 54 Farbzeichnungen, kart. ●●

Gesunde Pflanzen im Biogarten
Biologische Maßnahmen bei Schädlingsbefall und Pflanzenkrankheiten. (0707) Von I. Gabriel, 128 S., 126 Farbfotos, 12 Farbzeichnungen, kart. ●●

Kosmische Einflüsse auf unsere Gartenpflanzen
Sterne beeinflussen Wachstum und Gesundheit der Pflanzen
(0708) Von I. Gabriel, 112 S., 57 Farbfotos, 43 Farbzeichnungen, kart. ●●

Der Biogarten unter Glas und Folie
Ganzjährig erfolgreich ernten. (0722) Von I. Gabriel, 128 S., 62 Farbfotos, 45 Farbzeichnungen, kart. ●●

Obst und Beeren im Biogarten
Gesunde und schmackhafte Früchte durch natürlichen Anbau. (0780) Von I. Gabriel, 128 S., 38 Farbfotos, 71 Farbzeichungen, kart. ●●

Neuanlage eines Biogartens
Planung, Bodenvorbeitung, Gestaltung. (0721) Von I. Gabriel, 128 S., 73 Farbfotos, 39 Zeichnungen, kart. ●●

Der biologische Zier- und Wohngarten
Planen, Vorbereiten, Bepflanzen und Pflegen. (0748) Von I. Gabriel, 128 S., 72 Farbfotos, 46 Farbzeichnungen, kart. ●●

Gemüse im Biogarten
Gesunde Ernte durch naturgemäßen Anbau (0830) Von I. Gabriel, 128 S., 26 Farbfotos, 86 Farbzeichnungen, kart. ●●

Erfolgreich gärtnern
durch naturgemäßen Anbau
(4252) Von I. Gabriel, 416 S., 176 Farbfotos, 212 Farbzeichnungen, Pappband. ●●

Das Bio-Gartenjahr
Arbeitsplan für naturgemäßes Gärtnern. (4169) Von N. Jorek, 128 S., 8 Farbtafeln, 70 s/w-Abb. kart. ●●

Selbstversorgung aus dem eigenen Anbau
Reichen Erntesegen verwerten und haltbar machen. (4182) Von M. Bustorf-Hirsch, M. Hirsch, 216 S., 270 Zeichnungen, Pappband. ●●●

Mischkultur im Nutzgarten
Mit Jahreskalender und Anbauplänen. (0651) Von H. Oppel, 112 S., 8 Farbtafeln, 23 s/w-Fotos, 29 Zeichnungen, kart. ●

Erfolgreich gärtnern mit
Frühbeet und Folien
(0828) Von Dr. Gustav Schoser, 88 S., 8 Farbtafeln, 46 s/w-Fotos, kart. ●

Erfolgstips für den Gemüsegarten
Mit naturgemäßem Anbau zu höherem Ertrag. (0674) Von F. Mühl, 80 S., 30 s/w-Fotos, 4 Zeichnungen, kart. ●

Die hier vorgestellten Bücher, Videokassetten und Software sind in folgende Preisgruppen unterteilt:

● Preisgruppe bis DM 10,–/S 79,–
●● Preisgruppe über DM 10,– bis DM 20,– S 80,– bis S 160,–
●●● Preisgruppe über DM 20,– bis DM 30,– S 161,– bis S 240,–
●●●● Preisgruppe über DM 30,– bis DM 50,– S 241,– bis S 400,–
●●●●● Preisgruppe über DM 50,–/S 401,–
*(unverbindliche Preisempfehlung)

FALKEN VERLAG

Die Preise entsprechen dem Status beim Druck dieses

Erfolgstips für den Obstgarten
Gesunde Früchte durch richtige Sortenwahl und Pflege. (0827) Von F. Mühl, 184 S., 16 Farbtafeln, 33 Zeichnungen, kart. ●●

Gemüse, Kräuter, Obst aus dem Balkongarten
– Erfolgreich ernten auf kleinstem Raum. (0694) Von S. Stein, 32 S., 34 Farbfotos, 6 Zeichnungen, Spiralbindung, kart. ●

Keime, Sprossen, Küchenkräuter
am Fenster ziehen – rund ums Jahr. (0658) Von F. und H. Jantzen, 32 S., 55 Farbfotos, Pappband. ●

Balkons in Blütenpracht
zu allen Jahreszeiten. (5047) Von N. Uhl, 64 S., 80 Farbfotos, Pappband. ●●

Kübelpflanzen
für Balkon, Terrasse und Dachgarten. (5132) Von M. Haberer, 64 S., 70 Farbfotos, Pappband. ●●

Kletterpflanzen
Rankende Begrünung für Fassade, Balkon und Garten. (5140) Von M. Haberer, 64 S., 70 Farbabb., 2 Zeichnungen, Pappband. ●●

Mein Kräutergarten rund ums Jahr
Täglich schnittfrisch und gesund würzen. (4192) Von Prof. Dr. G. Lysek, 136 S., 15 Farbtafeln, 91 Zeichnungen, kart. ●●

Blühende Zimmerpflanzen
94 Arten mit Pflegeanleitungen. (5010) Von R. Blaich, 64 S., 107 Farbfotos, Pappband. ●●

Prof. Stelzers grüne Sprechstunde
Gesunde Zimmerpflanzen
Krankheiten erkennen und behandeln · Mit neuem Diagnosesystem. (4274) Von Prof. Dr. G. Stelzer, 192 S., 410 Farbfotos, 10 s/w-Zeichnungen, Pappband. ●●●

Videokassette
Pflanzenjournal
Blumen- und Pflanzenpflege im Jahreslauf. (6036/VHS) ca. 30 Min., in Farbe, ●●●●*

Blütenpracht in Grolit 2000
Der neue, mühelose Weg zu farbenprächtigen Zimmerpflanzen. (5127) Von G. Vocke, 64 S., 50 Farbfotos, Pappband. ●●

Ziergräser
Über 100 Arten erfolgreich kultivieren. (0829) Von H. Jantra, 104 S., 73 Farbfotos, 6 Farbzeichnungen, kart. ●●

Bonsai
Japanische Miniaturbäume und Miniaturlandschaften. Anzucht, Gestaltung und Pflege. (4091) Von B. Lesniewicz, 160 S., 106 Farbfotos, 46 s/w-Fotos, 115 Zeichnungen, gebunden. ●●●●●

Zimmerbäume, Palmen und andere Blattpflanzen
Standort, Pflege, Vermehrung, Schädlinge. (5111) Von G. Schoser, 96 S., 98 Farbfotos, 7 Zeichnungen, Pappband. ●●

Biologisch zimmergärtnern
Zier- und Nutzpflanzen natürlich pflegen. (4144) Von N. Jorek, 152 S., 15 Farbtafeln, 120 s/w-Fotos, Pappband. ●●

Hydrokultur
Pflanzen ohne Erde – mühelos gepflegt. (4080) Von H.-A. Rotter, 120 S., 82 Abb., Pappband. ●●

Zimmerpflanzen in Hydrokultur
Leitfaden für problemlose Blumenpflege. (0660) Von H.-A. Rotter, 32 S., 76 Farbfotos, 8 farbige Zeichnungen, Pappband, ●

Sukkulenten
Mittagsblumen, Lebende Steine, Wolfsmilchgewächse u. a. (5070) Von W. Hoffmann, 64 S., 82 Farbfotos, Pappband. ●●

Kakteen und andere Sukkulenten
300 Arten mit über 500 Farbfotos. (4116) Von G. Andersohn, 316 S., 520 Farbfotos, 193 Zeichnungen, Pappband. ●●●●

Fibel für Kakteenfreunde
(0199) Von H. Herold, 102 S., 23 Farbfotos, 37 s/w-Abb., kart. ●

Kakteen
Herkunft, Anzucht, Pflege, Arten. (5021) Von W. Hoffmann, 64 S., 70 Farbfotos, Pappband. ●●

Faszinierende Formen und Farben
Kakteen
(4211) Von K. und F. Schild, 96 S., 127 Farbfotos, Pappband. ●●●

Falken-Handbuch **Orchideen**
Lebensraum, Kultur, Anzucht und Pflege. (4231) Von G. Schoser, 144 S., 121 Farbfotos, 28 Farbzeichnungen, Pappband. ●●●

Falken-Handbuch **Katzen**
(4158) Von B. Gerber, 176 S., 294 Farb- und 88 s/w-Fotos, Pappband. ●●●●

DIE TIERSPRECHSTUNDE
Junge Katzen
(0862) Von Dr. med. vet. E. M. Bartenschlager, 72 S., 40 Farbfotos, 4 Farbzeichnungen, kart. ●

Katzen
Rassen · Haltung · Pflege. (4216) Von B. Eilert-Overbeck, 96 S., 82 Farbfotos, Pappband. ●●●

Das neue Katzenbuch
Rassen – Aufzucht – Pflege. (0427) Von B. Eilert-Overbeck, 136 S., 14 Farbfotos, 26 s/w-Fotos, kart. ●

Katzenkrankheiten
Erkennung und Behandlung. Steuerung des Sexualverhaltens. (0652) Von Dr. med. vet. R. Spangenberg, 176 S., 64 s/w-Fotos, 4 Zeichnungen, kart. ●

Falken-Handbuch **Hunde**
(4118) Von H. Bielfeld, 176 S., 222 Farb- und 73 s/w-Abb., Pappband. ●●●●

Hunde
Rassen · Erziehung · Haltung. (4209) Von H. Bielfeld, 96 S., 101 Farbfotos, Pappband. ●●●

Das neue Hundebuch
Rassen · Aufzucht · Pflege. (0009) Von W. Busack, überarbeitet von Dr. med. vet. A. H. Hacker und H. Bielfeld, 112 S., 8 Farbtafeln, 27 s/w-Fotos, 6 Zeichnungen, kart. ●

Falken-Handbuch
Der Deutsche Schäferhund
(4077) Von U. Förster, 228 S., 160 Abb., Pappband. ●●●

Der Deutsche Schäferhund
Aufzucht, Pflege und Ausbildung. (0073) Von A. Hacker, 104 S., 56 Abb., kart. ●

Dackel, Teckel, Dachshund
Aufzucht · Pflege · Ausbildung. (0508) Von M. Wein-Gysae, 112 S., 4 Farbtafeln, 43 s/w-Fotos, 2 Zeichnungen, kart. ●

Hundeausbildung
Verhalten – Gehorsam – Abrichtung. (0346) Von Prof. Dr. R. Menzel, 96 S., 18 Fotos, kart. ●

Grundausbildung für Gebrauchshunde
Schäferhund, Boxer, Rottweiler, Dobermann, Riesenschnauzer, Airedaleterrier, Hovawart und Bouvier. (0801) Von M. Schmidt und W. Koch, 104 S., 8 Farbtafeln, 51 s/w-Fotos, 5 s/w-Zeichnungen, kart. ●

Hundekrankheiten
Erkennung und Behandlung, Steuerung des Sexualverhaltens. (0570) Von Dr. med. vet. R. Spangenberg, 128 S., 68 s/w-Fotos, 10 Zeichnungen, kart. ●

Falken-Handbuch **Pferde**
(4186) Von H. Werner, 176 S., 196 Farb- und 50 s/w-Fotos, 100 Zeichnungen, Pappband. ●●●●

Ponys
Rassen, Haltung, Reiten. (4205) Von S. Braun, 96 S., 84 Farbfotos, Pappband. ●●●

Wellensittiche
Arten · Haltung · Pflege · Sprechunterricht · Zucht. (5136) Von H. Bielfeld, 64 S., 59 Farbfotos, Pappband. ●●

Papageien und Sittiche
Arten · Pflege · Sprechunterricht. (0591) Von H. Bielfeld, 112 S., 8 Farbtafeln, kart. ●

Geflügelhaltung als Hobby
(0749) Von M. Baumeister, H. Meyer, 184 S., 8 Farbtafeln, 47 s/w-Fotos, 15 Zeichnungen, kart. ●●

DIE TIERSPRECHSTUNDE
Alles über Igel in Natur und Garten
(0810) Von Dr. med. vet. E. M. Bartenschlager, 68 S., 51 Farbfotos, kart. ●

DIE TIERSPRECHSTUNDE
Alles über Meerschweinchen
(0809) Von Dr. med. vet. E. M. Bartenschlager, 72 S., 43 Farbfotos, 11 Farbzeichnungen, kart. ●

DIE TIERSPRECHSTUNDE
Tiere im Wassergarten
(0808) Von Dr. med. vet. E. M. Bartenschlager, 96 S., 82 Farbfotos, 7 Zeichnungen, kart. ●

Das Süßwasser-Aquarium
Einrichtung · Pflege · Fische · Pflanzen. (0153) Von H. J. Mayland, 152 S., 16 Farbtafeln, 43 s/w-Zeichnungen, kart. ●●

Falken-Handbuch
Süßwasser-Aquarium
(4191) Von H. J. Mayland, 288 S., 564 Farbfotos, 75 Zeichnungen, Pappband. ●●●●

Die hier vorgestellten Bücher, Videokassetten und Software sind in folgende Preisgruppen unterteilt:

● Preisgruppe bis DM 10,–/S 79,–
●● Preisgruppe über DM 10,– bis DM 20,– S 80,– bis S 160,–
●●● Preisgruppe über DM 20,– bis DM 30,– S 161,– bis S 240,–
●●●● Preisgruppe über DM 30,– bis DM 50,– S 241,– bis S 400,–
●●●●● Preisgruppe über DM 50,–/S 401,–
*(unverbindliche Preisempfehlung)

FALKEN VERLAG

Cichliden
Pflege, Herkunft und Nachzucht der wichtigsten Buntbarscharten. (5144) Von Jo in't Veen, 96 S., 163 Farbfotos, Pappband. ●●

Gesundheit

Die Frau als Hausärztin
Der unentbehrliche Ratgeber für die Gesundheit. (4072) Von Dr. med. A. Fischer-Dückelmann, 808 S., 14 Farbtafeln, 146 s/w-Fotos, 203 Zeichnungen, Pappband. ●●●

Heiltees und Kräuter für die Gesundheit
(4123) Von G. Leibold, 136 S., 15 Farbtafeln, 16 Zeichnungen, kart. ●●

Falken-Handbuch **Heilkräuter**
Modernes Lexikon der Pflanzen und Anwendungen (4076) Von G. Leibold, 392 S., 183 Farbfotos, 22 Zeichnungen, geb. ●●●●

Die farbige Kräuterfibel
Heil- und Gewürzpflanzen. (0245) Von I. Gabriel, 196 S., 49 farbige und 97 s/w-Abb., kart. ●●

Falken-Handbuch **Bio-Medizin**
Alles über die moderne Naturheilpraxis. (4136) Von G. Leibold, 552 S., 38 Farbfotos, 232 s/w-Abb., Pappband. ●●●●

Enzyme
Vitalstoffe für die Gesundheit. (0677) Von G. Leibold, 96 S., kart. ●

Heilfasten
(0713) Von G. Leibold, 108 S., kart. ●

Besser leben durch Fasten
(0841) Von G. Leibold, 100 S., kart. ●

Krebsangst und Krebs behandeln
Mit einem Vorwort von Prof. Dr. med. Friedrich Douwes. (0839) Von G. Leibold, 104 S., kart. ●

Allergien behandeln und lindern
Mit einem Vorwort von Prof. Dr. med. Axel Stemmann. (0840) Von G. Leibold, 104 S., 4 Zeichnungen, kart. ●

Rheuma behandeln und lindern
Mit einem Vorwort von Dr. med. Max-Otto-Bruker (0836) Von G. Leibold, 104 S., kart. ●

Die echte Schroth-Kur
(0797) Von Dr. med. R. Schroth, 88 S., 2 s/w-Fotos, kart. ●

Streß bewältigen durch Entspannung
(0834) Von Dr. med. Chr. Schenk, 88 S., 29 Zeichnungen, kart. ●

Gesundheit und Spannkraft durch Yoga
(0321) Von L. Frank und U. Ebbers, 112 S., 50 s/w-Fotos, kart. ●

Yoga für jeden
(0341) Von K. Zebroff, 156 S., 135 Abb., Spiralbindung, ●●●

Yoga für Schwangere
Der Weg zur sanften Geburt. (0777) Von V. Bolesta-Hahn, 108 S., 76 zweifarbige Abb. kart. ●●

Yoga gegen Haltungsschäden und Rückenschmerzen
(0394) Von A. Raab, 104 S., 215 Abb., kart. ●

Hypnose und Autosuggestion
Methoden – Heilwirkungen – praktische Beispiele. (0483) Von G. Leibold, 116 S., kart. ●

Gesund durch Gedankenenergie
Heilung im gemeinsamen Kraftfeld (6035) Nur VHS, 45 Min., in Farbe ●●●●●*

Autogenes Training
Anwendung · Heilwirkungen · Methoden. (0541) Von R. Faller, 128 S., 3 Zeichnungen, kart. ●

Die fernöstliche Fingerdrucktherapie Shiatsu
Anleitungen zur Selbsthilfe – Heilwirkungen. (0615) Von G. Leibold, 196 S., 180 Abb., kart. ●●

Eigenbehandlung durch Akupressur
Heilwirkungen – Energielehre – Meridiane. (0417) Von G. Leibold, 152 S., 78 Abb., kart. ●

Chinesische Naturheilverfahren
Selbstbehandlung mit bewährten Methoden der physikalischen Therapie. Atemtherapie · Heilgymnastik · Selbstmassage · Vorbeugen · Behandeln · Entspannen. (4247) Von F. Tjoeng Lie, 160 S., 292 zweifarbige Zeichnungen, Pappband. ●●●

Chinesisches Schattenboxen
Tai-Ji-Quan
für geistige und körperliche Harmonie (0850) Von F. T. Lie, 120 S., 221 s/w-Fotos, 9 s/w-Zeichnungen, Beilage: 1 s/w-Poster mit zahlreichen Abbildungen, kart. ●●

Bauch, Taille und Hüfte gezielt formen durch **Aktiv-Yoga**
(0709) Von K. Zebroff, 112 S., 102 Farbfotos, Spiralbindung, ●●

10 Minuten täglich Tele-Gymnastik
(5102) Von B. Manz und K. Biermann, 128 S., 381 Abb., kart. ●●

Gesund und fit durch Gymnastik
(0366) Von H. Pilss-Samek, 132 S., 150 Abb., kart. ●

Stretching
Mit Dehnungsgymnastik zu Entspannung, Geschmeidigkeit und Wohlbefinden. (0717) Von H. Schulz, 80 S., 90 s/w-Fotos, kart. ●

Gesund und leistungsfähig durch **Konditionsübungen, Fitneßtraining, Wirbelsäulengymnastik**
(0844) Von R. Milser, K. Grafe, 104 S., 99 Farbfotos, 12 Farbzeichnungen, 5 s/w-Zeichnungen kart. ●●

Gesundheit durch altbewährte Kräuterrezepte und Hausmittel aus der **Natur-Apotheke**
(4156) Von G. Leibold, 236 S., 8 Farbtafeln, 100 Zeichnungen, kart., ●●

Diät bei Krankheiten des Magens und Zwölffingerdarms
Rezeptteil von B. Zöllner. (3201) Von Prof. Dr. med. H. Kaess, 96 S., 4 Farbtafeln, kart. ●●

Diät bei Herzkrankheiten und Bluthochdruck
Salzarme (natriumarme) Kost. Rezeptteil von B. Zöllner. (3202) Von Prof. Dr. med. H. Rottka, 92 S., 4 Farbtafeln, kart. ●●

Diät bei Erkrankungen der Nieren, Harnwege und bei Dialysebehandlung
Völlig überarbeitete Neuauflage, durchgehend farbig bebildert. Rezeptteil von B. Zöllner. (3203) Von Prof. Dr. med. Dr. h. c. H. J. Sarre und Prof. Dr. med. R. Kluthe, 96 S., 33 Farbfotos, 1 s/w-Zeichnung, kart. ●●

Richtige Ernährung wenn man älter wird
Völlig überarbeitete Neuauflage, durchgehend farbig bebildert. Rezeptteil von B. Zöllner. (3204) Von Priv.-Doz. Dr. med. H.-J. Pusch und Dr. med. W. Koch, ca. 100 S., ca. 50 Farbfotos, kart. ●● (erscheint September '87)

Diät bei Gicht und Harnsäuresteinen
Rezeptteil von B. Zöllner. (3205) Von Prof. Dr. med. N. Zöllner, 80 S., 4 Farbtafeln, kart. ●●

Diät bei Zuckerkrankheit
Rezeptteil von B. Zöllner. (3206) Von Prof. Dr. med. P. Dieterle, 80 S., 4 Farbtafeln, kart. ●●

Diät bei Krankheiten der Gallenblase, Leber und Bauchspeicheldrüse
Rezeptteil von B. Zöllner. (3207) Von Prof. Dr. med. H. Kasper, 88 S., 4 Farbtafeln, kart. ●●

Diät bei Störungen des Fettstoffwechsels und zur Vorbeugung der Arteriosklerose
Rezeptteil von B. Zöllner. (3208) Von Prof. Dr. med. G. Wolfram und Dr. med. O. Adam, 104 S., 4 Farbtafeln, kart. ●●

Diät bei Übergewicht
Völlig überarbeitete Neuauflage, durchgehend farbig bebildert. Rezeptteil von B. Zöllner. (3209) Von Priv.-Doz. Dr. med. Ch. Keller, ca. 100 S., ca. 50 Farbfotos, kart. ●● (erscheint Dezember '87)

Diät bei Darmkrankheiten
Durchfall – Divertikulose, Reizdarm und Darmträgheit – einheimische Sprue (Zöliakie) – Disaccharidasemangel – Dünndarmresektion – Dumping Syndrom. Rezeptteil von B. Zöllner. (3211) Von Prof. Dr. med. G. Strohmeyer, 88 S., 4 Farbtafeln, kart. ●●

Ballaststoffreiche Kost bei Funktionsstörungen des Darms
Rezeptteil von B. Zöllner. (3212) Von Prof. Dr. med. H. Kasper, ca. 100 S., ca. 50 Farbfotos, kart. ●● (erscheint Oktober '87)

Bildatlas des menschlichen Körpers
(4177) Von G. Pogliani, V. Vannini, 112 S., 402 Farbabb., 28 s/w-Fotos, Pappband, ●●●

Fußmassage
Reflexzonentherapie am Fuß (0714) Von G. Leibold, 96 S., 38 Zeichnungen, kart. ●

Rheuma und Gicht
Krankheitsbilder, Behandlung, Therapieverfahren, Selbstbehandlung, richtige Lebensführung und Ernährung. (0712) Von Dr. J. Höder, J. Bandick, 104 S., kart. ●

Die hier vorgestellten Bücher, Videokassetten und Software sind in folgende Preisgruppen unterteilt:

● Preisgruppe bis DM 10,–/S 79,–
●● Preisgruppe über DM 10,– bis DM 20,– S 80,– bis S 160,–
●●● Preisgruppe über DM 20,– bis DM 30,– S 161,– bis S 240,–
●●●● Preisgruppe über DM 30,– bis DM 50,– S 241,– bis S 400,–
●●●●● Preisgruppe über DM 50,–/S 401,–
*(unverbindliche Preisempfehlung)

FALKEN VERLAG

Die Preise entsprechen dem Status beim Druck dieses

Krampfadern
Ursachen, Vorbeugung, Selbstbehandlung, Therapieverfahren. (0727) Von Dr. med. K. Steffens, 96 S., 38 Abb., kart. ●

Gallenleiden
Krankheitsbilder, Behandlung, Therapieverfahren, Selbstbehandlung, Richtige Lebensführung und Ernährung. (0673) Von Dr. med. K. Steffens, 104 S., 34 Zeichnungen, kart. ●

Asthma
Pseudokrupp, Bronchitis und Lungenemphysem. (0778) Von Prof. Dr. med. W. Schmidt, 120 S., 56 Zeichnungen, kart. ●

Fastenkuren
Wege zur gesunden Lebensführung. Rezepte und Tips für die Nachfastenzeit. Kurzfasten · Saftfastenkuren · Fastenschalttage · Heilfasten
(4248) Von Ha. A. Mehler, H. Keppler, 144 S., 16 s/w-Fotos, 9 Zeichnungen, Pappband. ●●●

Aus dem Schatz der Naturmedizin
Heilkräuterkuren
(4268) Von Dr. med. E. Rauch, Dr. rer. nat. P. Kruletz, 144 S., 49 Zeichnungen, kart. ●●

Vitamine und Ballaststoffe
So ermittle ich meinen täglichen Bedarf (0746) Von Prof. Dr. M. Wagner, I. Bongartz, 96 S., 6 Farbabb., zahlreiche Tabellen, kart. ●

Darmleiden
Krankheitsbilder, Behandlung, Selbstbehandlung, Richtige Lebensführung und Ernährung. (0798) Von Dr. med. K. Steffens, 112 S., 46 Zeichnungen, kart. ●

Massage
(0750) Von B. Rumpler, K. Schutt, 112 S., 116 zweifarbige Zeichnungen, kart. ●●

Ratgeber Aids
Entstehung, Ansteckung, Krankheitsbilder, Heilungschancen, Schutzmaßnahmen. (0803) Von B. Baartman, Vorwort von Dr. med. H. Jäger, 112 S., 8 Farbtafeln, 4 Grafiken, kart. ●●

Wenn Kinder krank werden
Medizinischer Ratgeber für Eltern. (4240) Von Dr. med. I. J. Chasnoff, B. Nees-Delaval, 232 S., 163 Zeichnungen, Pappband. ●●●

Ratgeber Lebenshilfe

Umgangsformen heute
Die Empfehlungen des Fachausschusses für Umgangsformen. (4015) 282 S., 160 s/w-Fotos, 25 Zeichnungen, Pappband. ●●●

Der gute Ton
Ein moderner Knigge. (0063) Von I. Wolter, 168 S., 38 Zeichnungen, 53 s/w-Fotos, kart. ●

Haushaltstips von A bis Z
(0759) Von A. Eder, 80 S., 30 Zeichnungen, kart. ●

Wir heiraten
Ratgeber zur Vorbereitung und Festgestaltung der Verlobung und Hochzeit. (4188) Von C. Poensgen, 216 S., 8 s/w-Fotos, 30 s/w-Zeichnungen, 8 Farbtafeln, Pappband. ●●

Der schön gedeckte Tisch
Vom einfachen Gedeck bis zur Festtafel stimmungsvoll und perfekt arrangiert (4246) Von H. Tapper, 112 S., 206 Farbabbildungen, 21 s/w-Abbildungen, Pappband. ●●●

Familienforschung · Ahnentafel · Wappenkunde
Wege zur eigenen Familienchronik. (0744) Von P. Bahn, 128 S., 8 Farbtafeln, 30 Abbildungen, kart. ●●

Die Kunst der freien Rede
Ein Intensivkurs mit vielen Übungen, Beispielen und Lösungen. (4189) Von G. Hirsch, 232 S., 11 Zeichnungen, Pappband. ●●●

Reden zur Taufe, Kommunion und Konfirmation
(0751) Von G. Georg, 96 S., kart. ●

Der richtige Brief zu jedem Anlaß
Das moderne Handbuch mit 400 Musterbriefen. (4179) Von H. Kirst, 376 S., Pappband. ●●●

Von der Verlobung zur Goldenen Hochzeit
(0393) Von E. Ruge, 120 S., kart. ●

Reden zur Hochzeit
Musteransprachen für Hochzeitstage. (0654) Von G. Georg, 112 S., kart. ●

Glückwünsche, Toasts und Festreden zur Hochzeit.
(0264) Von I. Wolter, 128 S., 18 Zeichnungen, kart. ●

Hochzeits- und Bierzeitungen
Muster, Tips und Anregungen. (0288) Von H.-J. Winkler, mit vielen Text- und Gestaltungsanregungen, 116 S., 15 Abb., 1 Musterzeitung, kart. ●

Kindergedichte zur Grünen, Silbernen und Goldenen Hochzeit
(0318) Von H.-J. Winkler, 104 S., 20 Abb., kart. ●

Kindergedichte für Familienfeste
(0860) Von B. H. Bull, 96 S., 20 Zeichnungen, kart. ●

Die Silberhochzeit
Vorbereitung · Einladung · Geschenkvorschläge · Dekoration · Festablauf · Menüs · Reden · Glückwünsche. (0542) Von K. F. Merkle, 120 S., 41 Zeichnungen, kart. ●

Großes Buch der Glückwünsche
(0255) Hrsg. von O. Fuhrmann, 240 S., 77 Zeichnungen und viele Gestaltungsvorschläge, kart. ●

Neue Glückwunschfibel
für Groß und Klein. (0156) Von R. Christian-Hildebrandt, 96 S., kart. ●

Glückwunschverse für Kinder
(0277) Von B. Ulrici, 80 S., kart. ●

Die Redekunst
Rhetorik · Rednererfolg (0076) Von K. Wolter, überarbeitet von Dr. W. Tappe, 80 S., kart. ●

Reden und Ansprachen
für jeden Anlaß. (4009) Hrsg. von F. Sicker, 454 S., gebunden. ●●●●

Reden zum Jubiläum
Musteransprachen für viele Gelegenheiten (0595) Von G. Georg, 112 S., kart. ●

Reden zum Ruhestand
Musteransprachen zum Abschluß des Berufslebens (0790) Von G. Georg, 104 S., kart. ●

Reden und Sprüche zu Grundsteinlegung, Richtfest und Einzug
(0598) Von A. Bruder, G. Georg, 96 S., kart. ●

Reden zu Familienfesten
Musteransprachen für viele Gelegenheiten. (0675) Von G. Georg, 108 S., kart. ●

Reden zum Geburtstag
Musteransprachen für familiäre und offizielle Anlässe. (0773) Von G. Georg, 104 S., kart. ●

Festreden und Vereinsreden
Ansprachen für festliche Gelegenheiten. (0069) Von K. Lehnhoff, E. Ruge, 88 S., kart. ●

Reden im Verein
Musteransprachen für viele Gelegenheiten. (0703) Von G. Georg, 112 S., kart., ●

Trinksprüche
Fest- und Damenreden in Reimen. (0791) Von L. Metzner, 88 S., 14 s/w-Zeichnungen, kart. ●

Trinksprüche, Richtsprüche, Gästebuchverse
(0224) Von D. Kellermann, 80 S., kart. ●

Ins Gästebuch geschrieben
(0576) Von K. H. Trabeck, 96 S., 24 Zeichnungen, kart. ●

Poesiealbumverse
Heiteres und Besinnliches. (0578) Von A. Göttling, 112 S., 20 Zeichnungen, Pappband. ●●

Verse fürs Poesiealbum
(0241) Von I. Wolter, 96 S., 20 Abb., kart. ●

Rosen, Tulpen, Nelken . . .
Beliebte Verse fürs Poesiealbum
(0431) Von W. Pröve, 96 S., 11 Faksimile-Abb., kart. ●

Der Verseschmied
Kleiner Leitfaden für Hobbydichter. Mit Reimlexikon. (0597) Von T. Parisius, 96 S., 28 Zeichnungen, kart. ●

Moderne Korrespondenz
Handbuch für erfolgreiche Briefe. (4014) Von H. Kirst und W. Manekeller, 544 S., Pappband. ●●●●
DM 39,–/S 319,–

Der neue Briefsteller
Musterbriefe für alle Gelegenheiten. (0060) Von I. Wolter-Rosendorf, 112 S., kart. ●

Geschäftliche Briefe
des Privatmanns, Handwerkers, Kaufmanns. (0041) Von A. Römer, 120 S., kart. ●

Behördenkorrespondenz
Musterbriefe – Anträge – Einsprüche. (0412) Von E. Ruge, 120 S., kart. ●

Musterbriefe
für alle Gelegenheiten. (0231) Hrsg. von O. Fuhrmann, 240 S., kart. ●

Die hier vorgestellten Bücher, Videokassetten und Software sind in folgende Preisgruppen unterteilt:

● Preisgruppe bis DM 10,–/S 79,–
●● Preisgruppe über DM 10,– bis DM 20,– S 80,– bis S 160,–
●●● Preisgruppe über DM 20,– bis DM 30,– S 161,– bis S 240,–
●●●● Preisgruppe über DM 30,– bis DM 50,– S 241,– bis S 400,–
●●●●● Preisgruppe über DM 50,–/S 401,–
*(unverbindliche Preisempfehlung)

FALKEN VERLAG

Privatbriefe
Muster für alle Gelegenheiten. (0114) Von I. Wolter-Rosendorf, 132 S., kart. ●

Briefe zu Geburt und Taufe
Glückwünsche und Danksagungen. (0802) Von H. Beitz, 96 S., 12 Zeichnungen, kart. ●

Briefe zum Geburtstag
Glückwünsche und Danksagungen (0822) Von H. Beitz, 104 S., 22 Zeichnungen, kart. ●

Briefe zur Hochzeit
Glückwünsche und Danksagungen (0852) Von R. Röngen, 96 S., 1 Zeichnung, 39 Vignetten, kart. ●

Erfolgstips für den Schriftverkehr
Briefwechsel leicht gemacht durch einfachen Stil und klaren Ausdruck (0678) Von U. Schoenwald, 120 S., kart. ●

Worte und Briefe der Anteilnahme
(0464) Von E. Ruge, 128 S., mit vielen Abb., kart. ●

Reden in Trauerfällen
Musteransprachen für Beerdigungen und Trauerfeiern (0736) Von G. Georg, 104 S., kart. ●

Lebenslauf und Bewerbung
Beispiele für Inhalt, Form und Aufbau. (0428) Von H. Friedrich, 112 S., kart. ●

Erfolgreiche Bewerbungsbriefe und Bewerbungsformen.
(0138) Von W. Manekeller, 88 S., kart. ●

Die erfolgreiche Bewerbung
Bewerbung und Vorstellung. (0173) Von W. Manekeller, 156 S., kart. ●

Die Bewerbung
Der moderne Ratgeber für Bewerbungsbriefe, Lebenslauf und Vorstellungsgespräche. (4138) Von W. Manekeller, 264 S., Pappband. ●●

Vorstellungsgespräche
sicher und erfolgreich führen. (0636) Von H. Friedrich, 144 S., kart. ●

Keine Angst vor Einstellungstests
Ein Ratgeber für Bewerber. (0793) Von Ch. Titze, 120 S., 67 Zeichnungen, kart. ●

Die ersten Tage am neuen Arbeitsplatz
Ratschläge für den richtigen Umgang mit Kollegen und Vorgesetzten (0855) Von H. Friedrich, 104 S., kart. ●

Zeugnisse im Beruf
richtig schreiben, richtig verstehen. (0544) Von H. Friedrich, 112 S., kart. ●

In Anerkennung Ihrer . . . .
Lob und Würdigung in Briefen und Reden.
(0535) Von H. Friedrich, 136 S., kart. ●

Erfolgreiche Kaufmannspraxis
Wirtschaftliche Grundlagen, Geld, Kreditwesen, Steuern, Betriebsführung, Recht, EDV. (4046) Von W. Göhler, H. Gölz, M. Heibel, Dr. D. Machenheimer, 544 S., gebunden. ●●●●

Wege zum Börsenerfolg
Aktien · Anleihen · Optionen (4275) Von H. Krause, 252 S., 4 s/w-Fotos, 86 Zeichnungen, Pappband. ●●●

Mietrecht
Leitfaden für Mieter und Vermieter. (0479) Von J. Beuthner, 196 S., kart. ●●

Familienrecht
Ehe – Scheidung – Unterhalt. (4190) Von T. Drewes, R. Hollender, 368 S., Pappband. ●●●

Erziehungsgeld, Mutterschutz, Erziehungsurlaub
Alles über das neue Recht für Eltern. Mit den Gesetzestexten. (0835) Von J. Grönert, 144 S., kart. ●●

Scheidung und Unterhalt
nach dem neuen Eherecht. Mit dem Unterhaltsänderungsgesetz 1986. (0403) Von Rechtsanwalt H. T. Drewes, 112 S., mit Kosten- und Unterhaltstabellen, kart. ●

Präzise Ratschläge für
Ihre optimale Rente
Vorbereitung · Berechnungsgrundlagen · Gesetzesänderungen · Individuelle Redenbeispiele. (0806) Von K. Möcks, 96 S., 24 Formulare, 1 Graphik, kart. ●

Testament und Erbschaft
Erbfolge, Rechte und Pflichten der Erben, Erbschafts- und Schenkungssteuer, Mustertestamente. (4139) Von T. Drewes, R. Hollender, 304 S., Pappband. ●●●

Erbrecht und Testament
Mit Erläuterungen des Erbschaftssteuergesetzes von 1974. (0046) Von Dr. jur. H. Wandrey, 124 S., kart. ●

Endlich 18 und nun?
Rechte und Pflichten mit der Volljährigkeit. (0646) Von R. Rathgeber, 224 S., 27 Zeichnungen, kart. ●●

Was heißt hier minderjährig?
(0765) Von R. Rathgeber, C. Rummel, 148 S., 50 Fotos, 25 Zeichnungen, kart. ●●

Erfolgreiche Bewerbung um einen Ausbildungsplatz
(0715) Von H. Friedrich, 136 S., kart. ●

Elternsache Grundschule
(0692) Hrsg. von K. Meynersen, 324 S., kart. ●●●

Sexualberatung
(0402) Von Dr. M. Röhl, 168 S., 8 Farbtafeln, 17 Zeichnungen, Pappband. ●●

Die Kunst des Stillens
nach neuesten Erkenntnissen (0701) Von Prof. Dr. med. E. Schmidt/ S. Brunn, 112 S., 20 Fotos und Zeichnungen, kart. ●

Wenn Sie ein Kind bekommen
(4003) Von U. Klamroth, Dr. med. H. Oster, 240 S., 86 s/w-Fotos, 30 Zeichnungen, kart. ●●●

Vorbereitung auf die Geburt
Schwangerschaftsgymnastik, Atmung, Rückbildungsgymnastik. (0251) Von S. Buchholz, 112 S., 98 s/w-Fotos, kart. ●

Wie soll es heißen?
(0211) Von D. Köhr, 136 S., kart. ●

Das Babybuch
Pflege · Ernährung · Entwicklung. (0531) Von A. Burkert, 128 S., 16 Farbtafeln, 38 s/w-Fotos, 30 Zeichnungen, kart. ●●

Wenn der Mensch zum Vater wird
Ein heiter-besinnlicher Ratgeber. (4259) Von D. Zimmer, 160 S., 20 Zeichnungen, Pappband. ●●

Die neue Lebenshilfe **Biorhythmik**
Höhen und Tiefen der persönlichen Lebenskurven vorausberechnen und danach handeln. (0458) Von W. A. Appel, 157 S., 63 Zeichnungen, Pappband. ●●

Vom Urkrümel zum Atompilz
Evolution – Ursache und Ausweg aus der Krise. (4181) Von J. Voigt, 188 S., 20 Farb- und 70 s/w-Fotos, 32 Zeichnungen, kart. ●●

Neues Denken – alte Geister
New Age unter der Lupe. (4278) Von G. Myrell, Dr. W. Schmandt, J. Voigt, 176 S., 54 Farbfotos, 3 Zeichnungen, kart. ●●

Dinosaurier
und andere Tiere der Urzeit. (4219) Von G. Alschner, 96 S., 81 Farbzeichnungen, 4 Fotos, Pappband. ●●●

Der Sklave Calvisius
Alltag in einer römischen Provinz 150 n. Chr. (4058) Von A. Ammermann, T. Röhrig, G. Schmidt, 120 S., 99 Farbabb., 47 s/w-Abb., Pappband. ●●

ZDF · ORF · DRS
Kompaß Jugend-Lexikon
(4096) Von R. Kerler, J. Blum, 336 S., 766 Farbfotos, 39 s/w-Abb., Pappband. ●●●●

Psycho-Tests
– Erkennen Sich sich selbst. (0710) Von B. M. Nash, R. B. Monchick, 304 S., 81 Zeichnungen, kart. ●●

Falken-Handbuch **Astrologie**
Charakterkunde · Schicksal · Liebe und Beruf · Berechnung und Deutung von Horoskopen · Aszendenttabelle. (4068) Von B. A. Mertz, 342 S., mit 60 erläuternden Grafiken, gebunden. ●●●

Die Magie der Zahlen
So nutzen Sie die Geheimnisse der Numerologie für Ihr persönliches Glück mit dem völlig neuen Planetennumeroskop (4242) Von B. A. Mertz, 224 S., 36 Abbildungen, Pappband. ●●●

Selbst Wahrsagen mit Karten
Die Zukunft in Liebe, Beruf und Finanzen. (0404) Von R. Koch, 112 S., 252 Abb., Pappband. ●●

Weissagen, Hellsehen, Kartenlegen . . .
Wie jeder die geheimen Kräfte ergründen und für sich nutzen kann. (4153) Von G. Haddenbach, 192 S., 40 Zeichnungen, Pappband. ●●

Frauenträume, Männerträume
und ihre Bedeutung. (4198) Von G. Senger, 272 S., mit Traumlexikon, Pappband. ●●●

Wie Sie im Schlaf das Leben meistern
Schöpferisch träumen
Der Klartraum als Lebenshilfe. (4258) Von Prof. Dr. P. Tholey, K. Utecht, 256 S., 1 s/w-Foto, 20 Zeichnungen, Pappband. ●●●

Wahrsagen mit Tarot-Karten
(0482) Von E. J. Nigg, 112 S., 4 Farbtafeln, 52 s/w-Abb., Pappband. ●●

Aztekenhoroskop
Deutung von Liebe und Schicksal nach dem Aztekenkalender. (0543) Von C.-M. und R. Kerler, 160 S., 20 Zeichnungen, Pappband. ●

Die hier vorgestellten Bücher, Videokassetten und Software sind in folgende Preisgruppen unterteilt:

● Preisgruppe bis DM 10,–/S 79,–
●● Preisgruppe über DM 10,– bis DM 20,– S 80,– bis S 160,–
●●● Preisgruppe über DM 20,– bis DM 30,– S 161,– bis S 240,–
●●●● Preisgruppe über DM 30,– bis DM 50,– S 241,– bis S 400,–
●●●●● Preisgruppe über DM 50,–/S 401,–
*(unverbindliche Preisempfehlung)

FALKEN VERLAG

Die Preise entsprechen dem Status beim Druck dieses

Was sagt uns das Horoskop?
Praktische Einführung in die Astrologie. (0655) Von B. A. Mertz, 176 S., 25 Zeichnungen, kart. ●

Das Super-Horoskop
Der neue Weg zur Deutung von Charaker, Liebe und Schicksal nach chinesischer und abendländischer Astrologie. (0465) Von G. Haddenbach, 175 S., kart. ●

Liebeshoroskop für die 12 Sternzeichen
Alles über Chancen, Beziehungen, Erotik, Zärtlichkeit, Leidenschaft. (0587) Von G. Haddenbach, 144 S., 11 Zeichnungen, kart. ●

Die 12 Sternzeichen
Charakter, Liebe und Schicksal. (0385) Von G. Haddenbach, 160 S., Pappband. ●●

Die 12 Tierzeichen im chinesischen Horoskop
(0423) Von G. Haddenbach, 128 S., Pappband. ●

Sternstunden
für Liebe, Glück und Geld, Berufserfolg und Gesundheit. Das ganz persönliche Mitbringsel für Widder (0621), Stier (0622), Zwillinge (0623), Krebs (0624), Löwe (0625), Jungfrau (0626), Waage (0627), Skorpion (0628), Schütze (0629), Steinbock (0630), Wassermann (0631), Fische (0632) Von L. Cancer, 62 S., durchgehend farbig, Zeichnungen, Pappband. ●

So deutet man Träume
Die Bildersprache des Unbewußten. (0444) Von G. Haddenbach, 160 S., Pappband. ●

Die Famillie im Horoskop
Glück und Harmonie gemeinsam erleben – Probleme und Gegensätze verstehen und tolerieren. (4161) Von B. A. Mertz, 296 S., 40 Zeichnungen, kart. ●●

Erkennen Sie Psyche und Charakter durch **Handdeutung**
(4176) Von B. A. Mertz, 252 S., 9 s/w-Fotos, 160 Zeichnungen, Pappband. ●●●●

Falken-Handbuch **Kartenlegen**
Wahrsagen mit Tarot-, Skat-, Lenormand- und Zigeunerblättern. (4226) Von B. A. Mertz, 288 S., 38 Farb- und 108 s/w-Abb. Pappband. ●●●●

I Ging der Liebe
Das altchinesische Orakel für Partnerschaft und Ehe. (4244) Von G. Damian-Knight, 320 S., 64 s/w-Zeichnungen, Pappband. ●●●

Bauernregeln, Bauernweisheiten, Bauernsprüche
(4243) Von G. Haddenbach, 192 S., 62 Farbabb. 9 s/w-Fotos, 144 s/w-Zeichnungen, Pappband. ●●●

Neue Medien

Programm und Publikum
Der ständige Versuch einer Annäherung. Beiträge und Reden über das öffentlich-rechtliche Fernsehen.
(0874) Von A. Schardt, 167 S., kart. ●●

Computer Grundwissen
Eine Einführung in Funktion und Einsatzmöglichkeiten. (4302) Von W. Bauer, 176 Seiten, 193 Farb- und 12 s/w-Fotos, 37 Computergrafiken, kart., ●●●
(4301) Pappband, ●●●●

Einführung in die Programmiersprache BASIC. (4303) Von S. Curran und R. Curnow, 192 S., 92 Zeichnungen, kart. ●●

Lernen mit dem Computer. (4304) Von S. Curran und R. Curnow, 144 S., 34 Zeichnungen, Spiralbindung, ●●

Computerspiele, Grafik und Musik
(4305) Von S. Curran und R. Curnow, 147 S., 46 Zeichnungen, Spiralbindung. ●●

dBase III
Einführung für Einsteiger und Nachschlagewerk für Profis. (4310) Von J. Brehm, G. A. Karl, 211 S., 23 Abb., kart. ●●●●●

Das Medienpaket
Buch und Programmdiskette „dBase III" zusammen (4312) ●●●●●

Garantiert BASIC lernen mit dem C 128
Mit kompletter Kurs-Diskette (4321) Von A. Görgens, 288 S., 4 s/w-Fotos, 83 Zeichnungen, kart. ●●●●

Grundwissen Informationsverarbeitung
(4314) Von H. Schiro, 312 S., 59 s/w-Fotos, 133 s/w-Zeichnungen, Pappband. ●●●●●

Heimcomputer-Bastelkiste
Messen, Steuern, Regeln mit C 64-, Apple II-, MSX-, TANDY-, MC-, Atari- und Sinclair-Computern. (4309) Von G. A. Karl, 256 S., 160 Zeichnungen, kart. ●●●●

WORDSTAR 2000
Textverarbeitung für Einsteiger und Profis Mit erprobten Anwendungen aus der Praxis. (4317) Von D. Nasser, 200 S., 9 s/w-Fotos, 3 Zeichnungen, kart. ●●●●●

Drucker und Plotter
Text und Grafik für Ihren Computer. (4315) Von K.-H. Koch, 192 S., 12 Farbtafeln, 5 s/w-Fotos, kart. ●●●●

Computergrafik
Von den Grundlagen bis zum perfekten 3 D-Programm
(4319) Von A. Brück, 296 S., 20 Farbtafeln, 180 s/w-Grafiken, 50 s/w- Zeichnungen, 83 Listings, Pappband. ●●●●●

Textverarbeitung mit Home- und Personal-Computern
Systeme – Vergleiche – Anwendungen. (4316) Von A. Görgens, 128 S., 49 s/w-Fotos, kart. ●●●

Die tägliche PC-Praxis
Anwendungshilfen, Programme und Erweiterungen für MS-DOS-Computer (4322) Von A. Görgens, 224 S., 25 Abbildungen, kart. ●●●●

The Grammar Master
Englische Grammatik üben und beherrschen. (7002) Von Data Beutner. Diskette für den C 64, C 128 (im 64er Modus) ●●●●*

Maschinenschreiben
In 10 Tagen spielend gelernt. Von Unterrichtsmedien Hoppius. (7008) Diskette für den C 64 und C 128 PC ●●●●*
(Best.-Nr. Ariolasoft: 72631)
(7009) für IBM + kompatible, ●●●●●*
(Best.-Nr. Ariolasoft: 78631)
(7010) für Schneider CPC 464, 664, 6128, ●●●●●*
(Best.-Nr. Ariolasoft: 74631)

Lernhilfen

Deutsch – Ihre neue Sprache.
Grundbuch (0327) Von H.-J. Demetz und J. M. Puente, 204 S., mit über 200 Abb., kart. ●●

Maschinenschreiben für Kinder
(0274) Von H. Kaus, 48 S., farbige Abb., kart. ●

So lernt man leicht und schnell **Maschinenschreiben**
Lehrbuch für Selbstunterricht und Kurse. (0568) Von J. W. Wagner, 112 S., 31 s/w-Fotos, 36 Zeichnungen, kart. ●●

Maschinenschreiben durch Selbstunterricht
(0170) Von A. Fonfara, 84 S., kart. ●

Stenografie leicht gelernt
im Kursus oder Selbstunterricht. (0266) Von H. Kaus, 64 S., kart. ●

Buchführung
leicht gefaßt. Ein Leitfaden für Handwerker und Gewerbetreibende. (0127) Von R. Pohl. 104 S., kart. ●

Buchführung leicht gemacht
Ein methodischer Grundkurs für den Selbstunterricht. (4238) Von D. Machenheimer, R. Kersten, 252 S., Pappband. ●●●

Schülerlexikon der Mathematik
Formeln, Übungen und Begriffserklärungen für die Klassen 5–10. (0430) Von R. Müller, 176 S., 96 Zeichnungen, kart. ●

Mathematik verständlich
Zahlenbereiche Mengenlehre, Algebra, Geometrie, Wahrscheinlichkeitsrechnung, Kaufmännisches Rechnen. (4135) Von R. Müller, 652 S., 10 s/w- und 109 Farbfotos, 802 farbige und 79 s/w-Zeichnungen, über 2500 Beispiele und Übungen mit Lösungen, Pappband. ●●●●●

Mathematische Formeln für Schule und Beruf
Mit Beispielen und Erklärungen. (0499) Von R. Müller, 156 S., 210 Zeichnungen, kart. ●

Rechnen aufgefrischt
für Schule und Beruf. (0100) Von H. Rausch, 144 S., kart. ●

Mehr Erfolg in der Schule
Der Deutschaufsatz
Übungen und Beispiele für die Klassen 5–10. (4271) Von K. Schreiner, 240 S., 4 s/w-Fotos, 51 Zeichnungen, Pappband. ●●●

Die hier vorgestellten Bücher, Videokassetten und Software sind in folgende Preisgruppen unterteilt:

● Preisgruppe bis DM 10,–/S 79,–
●● Preisgruppe über DM 10,– bis DM 20,– S 80,– bis S 160,–
●●● Preisgruppe über DM 20,– bis DM 30,– S 161,– bis S 240,–
●●●● Preisgruppe über DM 30,– bis DM 50,– S 241,– bis S 400,–
●●●●● Preisgruppe über DM 50,–/S 401,–
*(unverbindliche Preisempfehlung)

FALKEN VERLAG

Mehr Erfolg in Schule und Beruf
Besseres Deutsch
Mit Übungen und Beispielen für Rechtschreibung, Diktate, Zeichensetzung, Aufsätze, Grammatik, Literaturbetrachtung, Stil, Briefe, Fremdwörter, Reden. (4115) Von K. Schreiner, 444 S., 7 s/w-Fotos, 27 Zeichnungen, Pappband. ●●●

Richtiges Deutsch
Rechtschreibung · Zeichensetzung · Grammatik · Stilkunde. (0551) Von K. Schreiner, 128 S., 7 Zeichnungen, kart. ●

Diktate besser schreiben
Übungen zur Rechtschreibung für die Klassen 4–8. (0469) Von K. Schreiner, 152 S., 31 Zeichnungen, kart. ●

Aufsätze besser schreiben
Förderkurs für die Klassen 4–10. (0429) Von K. Schreiner, 144 S., 4 s/w-Fotos, 27 Zeichnungen, kart. ●

Deutsche Grammatik
Ein Lern- und Übungsbuch. (0704) Von K. Schreiner, 112 S., kart. ●

Besseres Englisch
Grammatik und Übungen für die Klassen 5 bis 10. (0745) Von E. Henrichs, 144 S., ●●

Richtige Zeichensetzung
durch neue, vereinfachte Regeln. Erläuterungen der Zweifelsfragen anhand vieler Beispiele. (0774) Von Prof. Dr. Ch. Stetter, 160 S., kart. ●

Das Deutschbuch
Ein Sprachprogramm für Ausländer, Erwachsene und Jugendliche.
Autorenteam: J. M. Puente, H.-J. Demetz, S. Sargut, M. Spohner.

Grundbuch Jugendliche
(4915) Von Puente, Demetz, Sargut, Spohner, Hirschberger, Kersten, von Stolzenwaldt, 256 S., durchgehend zweifarbig, kart. ●●

Grundbuch Erwachsene
(4901) Von Puente, Demetz, Sargut, Spohner, 292 S., durchgehend zweifarbig, kart. ●●●

Arbeitsheft
zu Grundbuch Erwachsene und Jugendliche. (4903) Von Puente, Demetz, Sargut, Spohner, 160 S., durchgehend zweifarbig, kart. ●●

Aufbaukurs
(4902) Von Puente, Sargut, Spohner, 232 S., durchgehend zweifarbig, kart. ●●●

Lehrerhandbuch Grundbuch Erwachsene (4904) 144 S., kart. ●●
Lehrerhandbuch Grundbuch Jugendliche (4929) 120 S., kart. ●●
Lehrerhandbuch Aufbaukurs (4930) 64 S., kart. ●

Glossare Erwachsene:
Türkisch (4906) 100 S., kart. ●
Englisch (4912) 100 S., kart. ●
Französisch (4911) 104 S., kart. ●
Spanisch (4909) 98 S., kart. ●
Italienisch (4908) 100 S., kart. ●
Serbokroatisch (4914) 100 S., kart. ●
Griechisch (4907) 102 S., kart. ●
Portugiesisch (4910) 100 S., kart. ●
Polnisch (4913) 102 S., kart. ●
Arabisch (4905) 100 S., kart. ●

Glossare Jugendliche:
Türkisch (4927) 104 S., kart. ●
Italienisch (4932) 104 S., kart. ●
Spanisch (4933) 104 S., kart. ●
Serbokroatisch (4934) 104 S., kart. ●
Griechisch (4936) 112 S., kart. ●

Tonband Grundbuch Erwachsene (4916) Ø 18 cm. ●●●●●
Tonband Grundbuch Jugendliche (4917) Ø 18 cm. ●●●●●
Tonband Aufbaukurs (4918) Ø 18 cm. ●●●●●
Tonband Arbeitsheft (4919) Ø 18 cm. ●●●●●
Kassetten Grundbuch Erwachsene (4920) 2 Stück à 90 Min. Laufzeit. ●●●●
Kassetten Grundbuch Jugendliche (4921) 2 Stück à 90 Min. Laufzeit. ●●●●
Kassetten Aufbaukurs (4922) 2 Stück à 90 Min. Laufzeit. ●●●●
Kassette Arbeitsheft Grundbuch (4923) 60 Min. Laufzeit. ●●
Overheadfolien Grundbuch Erwachsene (4924) 60 Stück ●●●●●
Overheadfolien Grundbuch Jugendliche (4925) 59 Stück. ●●●●●
Overheadfolien Aufbaukurs (4931) 54 Stück. ●●●●●
Diapositive Grundbuch Erwachsene (4926) 300 Stück. ●●●●●
Bildkarten zum Grundbuch Jugendliche und Erwachsene. (4928) 200 Stück. ●●●●●

Die hier vorgestellten Bücher, Videokassetten und Software sind in folgende Preisgruppen unterteilt:

● Preisgruppe bis DM 10,–/S 79,–
●● Preisgruppe über DM 10,– bis DM 20,– S 80,– bis S 160,–
●●● Preisgruppe über DM 20,– bis DM 30,– S 161,– bis S 240,–
●●●● Preisgruppe über DM 30,– bis DM 50,– S 241,– bis S 400,–
●●●●● Preisgruppe über DM 50,–/S 401,–
*(unverbindliche Preisempfehlung)

Bestellschein

Erfüllungsort und Gerichtsstand für Vollkaufleute ist der jeweilige Sitz der Lieferfirma. Für alle übrigen Kunden gilt dieser Gerichtsstand für das Mahnverfahren. Falls durch besondere Umstände Preisänderungen notwendig werden, erfolgt Auftragserledigung zu dem bei der Lieferung gültigen Preis.
Ich bestelle hiermit aus dem Falken-Verlag GmbH, Postfach 1120, D-6272 Niedernhausen/Ts., durch die Buchhandlung:

Ex. ____________________

Ex. ____________________

Ex. ____________________

Ex. ____________________

Name: ____________________

Straße: ____________________ Ort: ____________________

Datum: ____________________ Unterschrift: ____________________

FALKEN VERLAG

Für die Schweiz: sFr.-Preise gemäß Preisauszeichnung in der Buchhandlung